ΣBEST シグマベスト

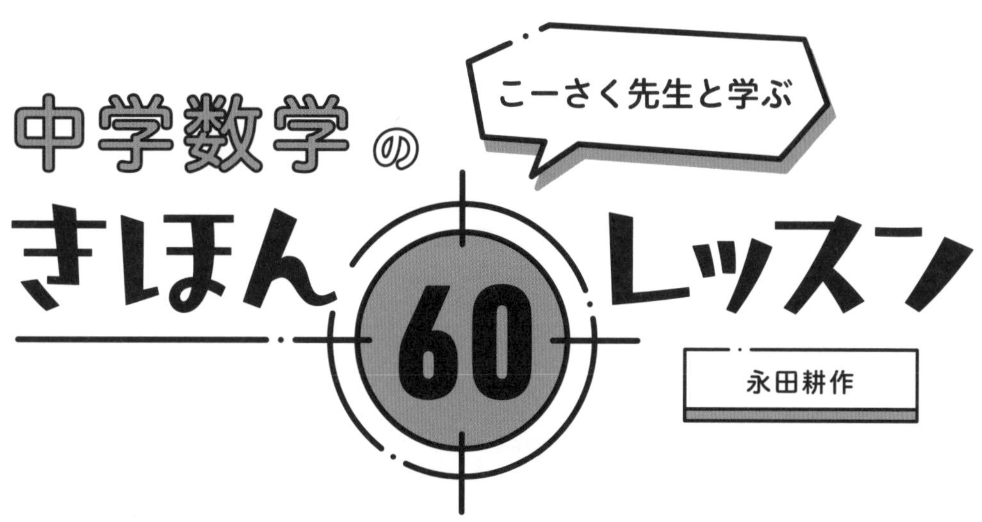

文英堂

勉強には，才能も特別な環境（かんきょう）も必要ない。
自分に合ったやり方を見つけて積み重ねていけば，
だれでも成績を上げることができる。

ここは学校でも塾（じゅく）でもない，今までとはちがう場所。
だから，これまで勉強が苦手だった君もあきらめないで。
ぼくたちが全力でサポートするから！

ここから一緒（いっしょ）にがんばっていこう！

この本の登場人物紹介

明日から
がんばるー。
いつかダンク
決めたい！
こんなにがんばって
るのに……。
メイ（中1）
受験はなんとかなると
思っている，のんびり屋。
ナナミ（中2）
バスケ命の部活少女。
明るく友達が多い。
ヒロト（中3）
まじめで気合十分だが，
ときどき空回り気味。

こーさく先生との出会い

メイ，ナナミ，ヒロトは，親同士の仲がよく，毎日のように一緒に過ごしてきた幼なじみ。

「ヒロトー，この問題わかんない。教えて！」と，ナナミが問題集を差し出した。

「うわ，よりによって数学かあ。えっと……」

なかなか答えが出ず，あせるヒロトを見て，メイが不安そうに言う。

「ヒロト先輩でも解けないなんて，私，中2になったら大丈夫なのかなあ……」

問題に行きづまっていたヒロトは，ついにペンを置いて，頭をかかえてしまった。

「もう中3なのに，どうしよう。数学の勉強は自分なりにがんばっているんだけど，なかなかできるようにならなくて」

落ち込むヒロトを，あわててはげますナナミとメイ。

そんな3人の前に，いつの間にか，優しそうな男性が立っていた。

大丈夫，今からでも十分
間に合うよ！ 一緒に取り
組んでいこう。
こーさく先生

スーパー講師陣紹介

数学講師

計算の申し子

こーさく先生（永田耕作）

右ページの4人の仲間とともに，みんなの合格を全力であと押しするよ！

PROFILE

東京大学教育学部4年生。公立高校から東大現役合格を果たす。塾には通わず，中学・高校時代は野球部に所属。著書に『東大生の考え型「まとまらない考え」に道筋が見える』（日本能率協会マネジメントセンター）がある。
Twitter：@NagataKosaku08

MESSAGE この本を手に取ってくれたみんなへ

部活動や習い事，ほかにもたくさんやりたいことがある中で，毎日勉強するのって大変だよね。でも，少しずつでも続けていくと，やがて大きな力を得ることができるんだ。でも，けっして無理をしすぎないで！
計画的に勉強を積み重ねていくことが合格への近道になるよ！

先生からのメッセージ動画はこちら

TIMELINE

- **2001年** 愛知県名古屋市に生まれる
- **2002年** 1歳ですでに簡単なたし算・ひき算ができた
- **2004年〜** 姉が習っていたピアノに興味をもち，3歳で習い始めた。現在も個人的に弾き続けている
- **2006年〜2012年** 幼稚園年長のとき，自分から算数・数学の教室に興味をもって入会。小学5年生のとき，すべての教材を解きつくして退会
- **2011年〜2019年** 小学4年生から高校3年生の引退まで野球部に所属。中学・高校時代は部活と勉強を両立させた
- **2020年** 東京大学に現役合格
- **2021年〜** 株式会社カルペ・ディエムに所属。全国の高校生を対象に，勉強との向き合い方などを伝える講演・ワークショップを行う
- **2022年** 著書『東大生の考え型「まとまらない考え」に道筋が見える』（日本能率協会マネジメントセンター）発売
- **2023年** 『こーさく先生と学ぶ 中学数学のきほん 60レッスン』発売

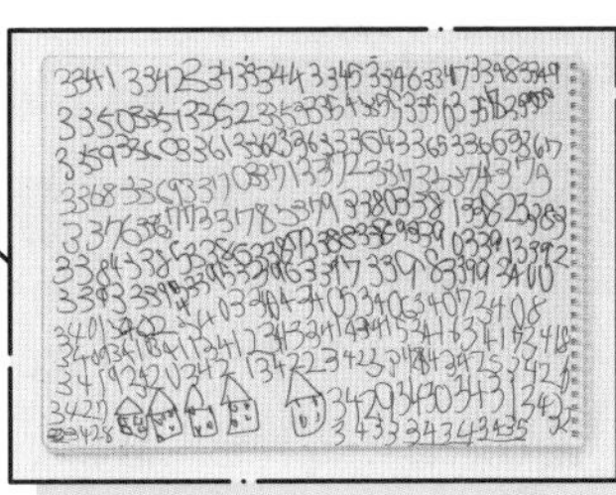

幼少期から「数学マニア」ぶりを発揮。幼稚園時代のスケッチブックには数字がびっしり

中学時代の合唱コンクールでは，ピアノ伴奏や指揮者を担当し，歌ったことがほとんどなかった

小学生でありながら，高校で学習する数学の問題まで解けていた

国語講師

こーさく先生は
かわいい弟！

学参マイスター

くめはら先生（粂原圭太郎）

出身地	群馬県
出身高校	群馬県立中央中等教育学校
最終学歴	京都大学経済学部経営学科
主な活動	・オンライン個別指導塾「となりにコーチ」代表 ・本田式認知特性研究所メンバー
著書	『偏差値 95 の勉強法』（ダイヤモンド社）など
YouTube	粂原圭太郎の頭の中 - オンライン塾「となりにコーチ」代表 -(@user-ns3yc8md5m)
SNS	Twitter：@k_kumehara

英語講師

こーさく先生は
たよれる後輩！

東大医学部卒 YouTuber

すばる先生（宇佐見天彗）

出身地	香川県
出身高校	香川県立高松高校
最終学歴	東京大学医学部医学科
主な活動	・YouTube チャンネル運営 ・勉強法や受験対策情報の発信
著書	『現役東大医学部生が教える最強の勉強法』（二見書房）など
YouTube	PASSLABO in 東大医学部発 「朝 10 分」の受験勉強 cafe（@passlabo）
SNS	Twitter：@sbr_usami

社会講師

こーさく先生は
最高の仲間！

受験合格請負人

いっせー先生（西岡壱誠）

出身地	北海道
出身高校	私立宝仙学園高校
最終学歴	東京大学経済学部在学中
主な活動	・株式会社カルペ・ディエム代表 ・リアルドラゴン桜プロジェクト ・スタディサプリ講師
著書	『東大読書』『東大作文』『東大思考』（東洋経済新報社）など多数
YouTube	西岡壱誠のアタマの中 (@nishiokaissei)
SNS	Twitter：@nishiokaissey

理科講師

こーさく先生は
フェアリー／ひこう！

理系 YouTuber

でんがん先生

出身地	兵庫県
出身高校	兵庫県立芦屋高校
最終学歴	大阪大学大学院基礎工学研究科（修士）
主な活動	・YouTube チャンネル運営 ・映画俳優（出演作品『カラダ探し』『近江商人，走る！』）
著書	『元バカによるバカのための勉強 100 カ条！』（SB クリエイティブ）など
YouTube	日常でんがん（@nichijo_dengan） たまるクエスト（@tamaruquest）
SNS	Twitter：@dengan875

この本の構成と使い方

基本ページ

会話形式の授業で習ったことをもとに「練習問題」を解いて力をつける

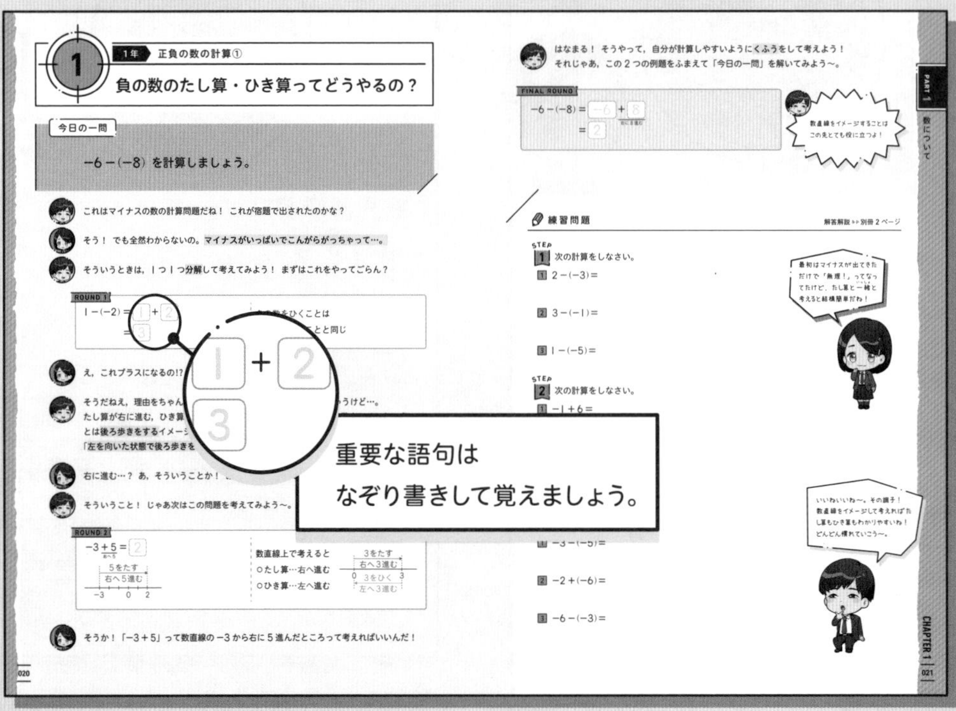

1年 正負の数の計算①

1 負の数のたし算・ひき算ってどうやるの？

今日の一問

−6 −（−8）を計算しましょう。

これはマイナスの数の計算問題だね！ これが宿題で出されたのかな？

そう！ でも全然わからないの。マイナスがいっぱいでこんがらがっちゃって…。

そういうときは，１つ１つ分解して考えてみよう！ まずはこれをやってごらん？

ROUND 1

１ −（−2）= 1 + 2
= 3

…数をひくことは
…ことと同じ

え，これプラスになるの!?

そうだねえ，理由をちゃん… …うけど…。
たし算が右に進む，ひき算…
とは後ろ歩きをするイメージ…
「左を向いた状態で後ろ歩きを…

右に進む…？ あ，そういうことか！ …

そういうこと！ じゃあ次はこの問題を考えてみよう～。

ROUND 2

−3 + 5 = 2

5をたす
右へ5進む
−3　0　2

数直線上で考えると
○たし算…右へ進む
○ひき算…左へ進む

3をたす
右へ3進む
0　3
3をひく
左へ3進む

そうか！「−3 + 5」って数直線の −3 から右に 5 進んだところって考えればいいんだ！

020

はなまる！ そうやって，自分が計算しやすいようにくふうをして考えよう！
それじゃあ，この２つの例題をふまえて「今日の一問」を解いてみよう～。

FINAL ROUND

−6 −（−8）= −6 + 8
= 2

数直線をイメージすることはこの先とても役に立つよ！

練習問題　解答解説 ▸▸ 別冊 2 ページ

STEP 1 次の計算をしなさい。

1 2 −（−3）=

2 3 −（−1）=

3 1 −（−5）=

最初はマイナスが出てきただけで「無理！」ってなってたけど，たし算と一緒と考えると結構簡単だね！

STEP 2 次の計算をしなさい。

1 −1 + 6 =

1 −3 −（−5）=

2 −2 +（−6）=

3 −6 −（−3）=

いいねいいね～。その調子！ 数直線をイメージして考えればたし算もひき算もわかりやすいね！ どんどん慣れていこう～。

PART 1 数について

CHAPTER 1 021

重要な語句は
なぞり書きして覚えましょう。

数楽のトビラ

数学に関するちょっとした疑問をこーさく先生と一緒（いっしょ）に考える

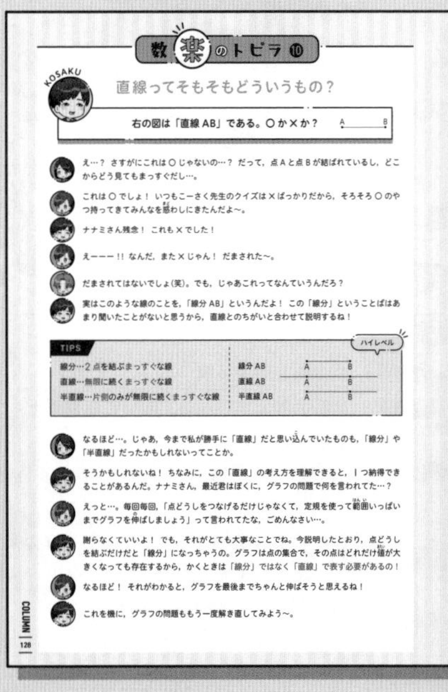

数楽のトビラ ⑩

KOSAKU

直線ってそもそもどういうもの？

右の図は「直線 AB」である。○か×か？　A———B

え…？ さすがにこれは ○ じゃないの…？ だって，点 A と点 B が結ばれているし，どこからどう見てもまっすぐだし…。

これは ○ でしょ！ いつもこーさく先生のクイズは × ばっかりだから，そろそろ ○ のやつ持ってきてみんなを惑わしにきたんだよ～。

ナナミさん残念！ これも × でした！

えーーー!! なんだ，また × じゃん！ だまされた～。

だまされてはないでしょ(笑)。でも，じゃあこれってなんていうんだろ？

実はこのような線のことを，「線分 AB」というんだよ！ この「線分」ということばはあまり聞いたことがないと思うから，直線とのちがいと合わせて説明するね！

TIPS　ハイレベル

線分…2 点を結ぶまっすぐな線	線分 AB	A———B
直線…無限に続くまっすぐな線	直線 AB	——A———B——
半直線…片側のみが無限に続くまっすぐな線	半直線 AB	A———B——

なるほど…。じゃあ，今まで私が勝手に「直線」だと思い込んでいたものも，「線分」や「半直線」だったかもしれないってことか。

そうかもしれないね！ ちなみに，この「直線」の考え方を理解できると，１つ納得できることがあるんだ。ナナミさん，最近君はぼくに，グラフの問題で何を言われてた…？

えっと…。毎回毎回，「点どうしをつなげるだけじゃなくて，定規を使って範囲いっぱいまでグラフを伸ばしましょう」って言われてたな，ごめんなさい…。

謝らなくていいよ！ でも，それがとても大事なことでね。今説明したとおり，点どうしを結ぶだけだと「線分」になっちゃうの。グラフは点の集合で，その点はどれだけ値が大きくなっても存在するから，かくときは「線分」ではなく「直線」で表す必要があるの！

なるほど！ それがわかると，グラフを最後までちゃんと伸ばそうと思えるね！

これを機に，グラフの問題ももう一度解き直してみよう～。

COLUMN 128

今後，役に立つ情報ばかり
なので，時間があるときに必
ずチェックしよう！

自分に合う勉強法の見つけ方

先生の経験や適性の例を参考にしながら，自分に合ったやり方を見つける

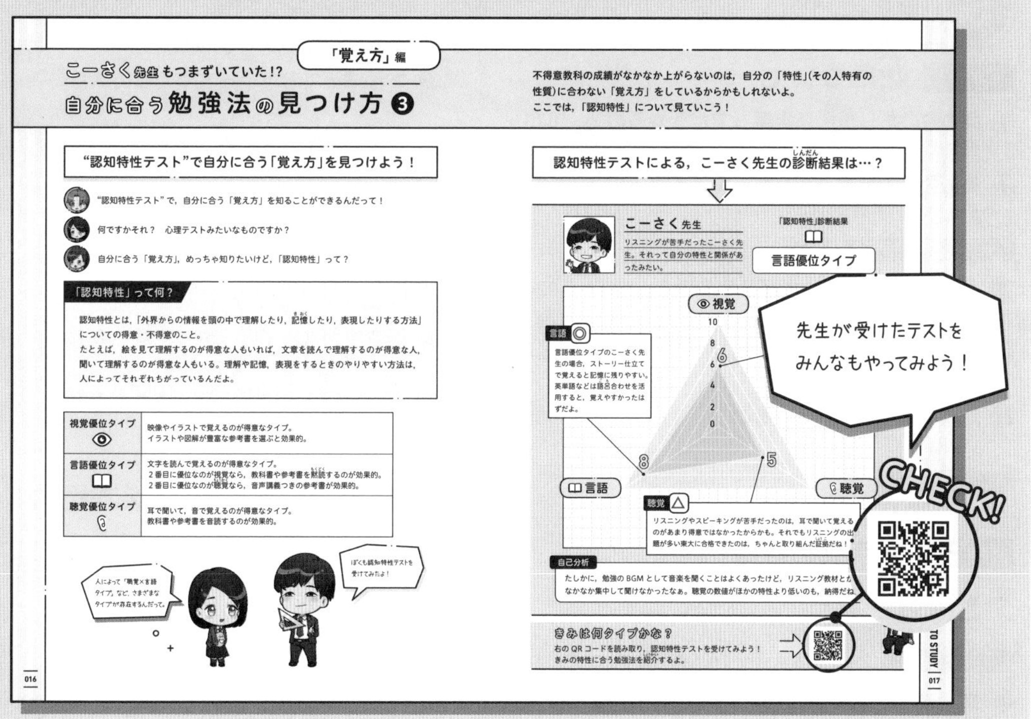

先生が受けたテストをみんなもやってみよう！
CHECK!

Q & A

生徒たちの悩みに先生が全力で答える

こーさく先生の意見とほかの教科の先生の意見を比べてみるのもおもしろいよ！
CHECK!
COMMENTS
いっせー先生

解答解説

問題を解いたら，答え合わせをする

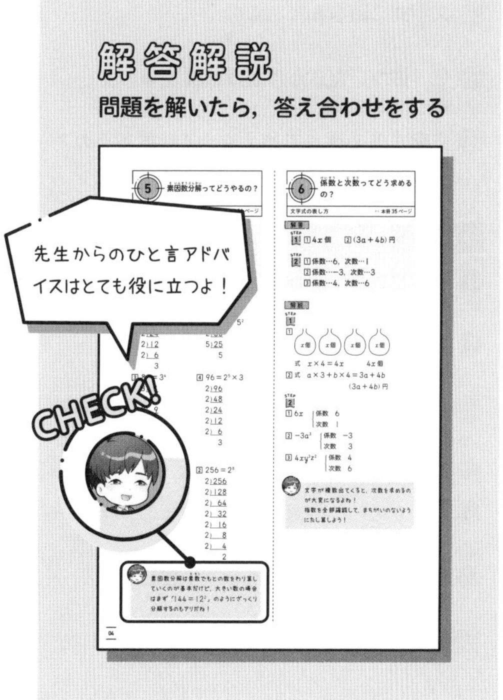

もくじ

1章 数と式

PART 1 数について

PART 2 文字式の計算

PART 3 平方根

2章 方程式

PART 4 方程式

PART 5 因数分解と2次方程式

3章 関数

PART 6 座標とグラフ

こーさく先生ってどんな人!?

―― 小さいころはどんな子どもだったの？

いろいろなことに興味をもって，すぐにやってみたくなる子だった。姉がピアノを始めたとき，ぼくはまだ3歳だったけど，自分もやってみたくて一緒に始めたんだ。ピアノは中3まで続けて，今でも好きな曲を耳コピして弾いているよ。空港などでストリートピアノを見つけると，ついつい弾いちゃう。

3歳から始めたピアノは今でも弾いている

幼稚園の年長のとき，算数の教室の案内を見て，これも自分から行きたいと言った。そこから算数，数学のとりこになってプリント学習を続け，小4で高校の微分・積分まで解けるようになった。でも，ほかの勉強はそんなに得意でも好きでもなくて，とにかく数学マニアだったんだ。

―― 小学，中学時代はどうだったの？

ぼくの出身地である愛知県の公立の小学校では，4年生から部活動があり，父親が野球好きだったこともあって，ぼくは野球部に入部した。結局，野球はここから高3まで続けたよ。野球を始めるまでは，ひとりでピアノを弾くことや数学の問題を解くことが好きだったせいか，周りの人を気づかうことが苦手だった。そんなぼくを見て，スポーツ経験者だった両親は，チームスポーツを通して協調性を身につけてほしかったみたい。実際，相手と意見が食いちがったとき，どう話し合って解決していくかということは，野球を通して学んだと思う。

―― 中学時代はどうだったの？ 印象深い出来事は？

中学時代の野球部の先生がすばらしかった。他人の気持ちを考えられなかったぼくに，たびたびカツを入れてくれた。「おまえの気持ちもわかるけど，そういう言い方だと人には伝わらないぞ」と，いったんぼくの思いを受け止めたうえで諭してくれた。
先生に言われたことをよく考えて，自分の行動を改めるようになってから，試合でも活躍できるようになったんだ。野球だけでなく，人間として大切なことをたくさん教えてくださった恩師。あの先生に出会えて，本当によかったと思う。

―― なんでもできちゃうんだね。くじけそうになったことはないの？

もちろん，あるよ。野球も中学まではレギュラーだったけど，高校は50～60人も部員がいて，試合に出る機会はほとんどなかった。でも，補欠もレギュラーも練習量は変わらな

「中学のきほん」シリーズの数学担当は永田耕作先生！
高３の最後の試合まで部活を続け，東大に現役合格したこーさく先生は，どんな中学生だったのかな？ あれこれ質問してみたよ。

野球に打ち込んだ中学時代のこーさく先生（左から２番目）

い。肉体的にも精神的にもきつい日々。そんな中で，どうしたら試合に出られるか試行錯誤したり，試合に出られなくてもチームの役に立つ道はないかと考えたり……。でも今になって思うと，得意だと思っていた野球で上には上がいることを知り，打ちのめされたのはいい経験だった。野球での挫折がなかったら，人の気持ちが理解できない，深みのない人間になっていたかもしれない。

―― どうして東大を目指したの？ 家族の反応は？

かなり小さいころから，祖父に「おまえは東大に入るんだ」と言われ続けていた。だから，東大の存在はかなり早いうちから頭の中にあったんだ。高１の春に祖父が亡くなり，「おじいちゃん，東大じゃなくてこの大学にするよ」って本人に言えなくなってしまった。
その後，大学受験が現実味をおびてきたころ，ふと，本気でやれば東大合格だって実現するかもな，がんばってみようかなと思ったんだ。どうやら父親にも，東大への憧れがあったみたい。「オレには難しかったけど，おまえならきっと届くぞ」って，ぼくががんばれるように背中を押してくれたんだ。それがとてもうれしかったな。

―― 東大生となったこーさく先生が，これからやりたいことは？

今，ぼくは東大の教育学部で勉強している。数学は変わらず大好きだけど，とことん研究してつきつめたいというよりは，今は数学の魅力を多くの人に伝えたいという思いのほうが強いんだ。
子どもたちの環境，能力，特性はまさに人それぞれ。どうしたら，その人にとって一番良い教育をほどこすことができるのか。今後はそれについて考えて，できることを実践していきたいと思っているよ。

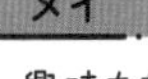

興味をもったこと，わたしも「やりたい!」って積極的に言ってみよう。

ナナミ

高校の部活で補欠になったとき，自分にできることを探そうとしたのがいいなと思った。

ヒロト

いろいろなことに挑戦して，ちゃんと続けているのがすごいな。

こーさく先生もつまずいていた!?

自分に合う勉強法の見つけ方 ❶

中高生時代のこーさく先生は，どうやってスランプから抜け出したのかな？

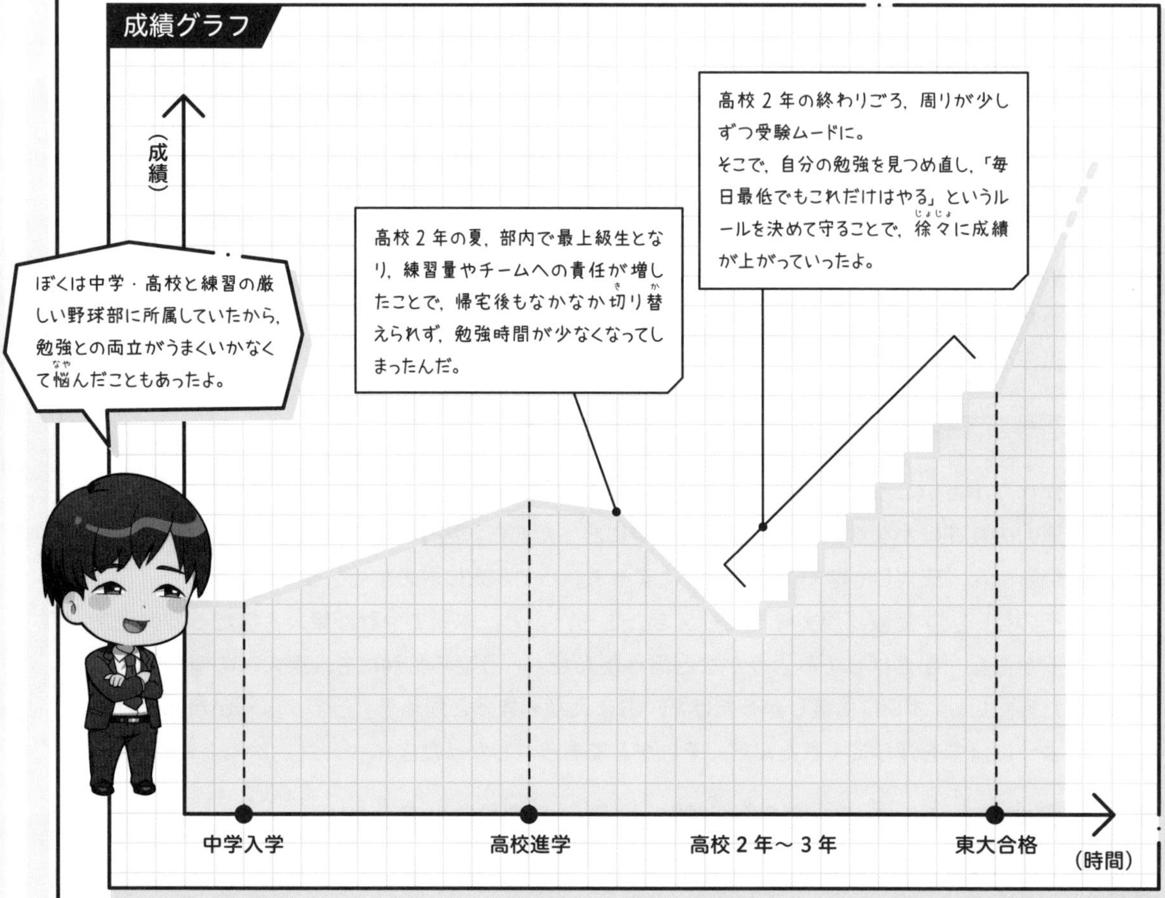

成績グラフ

（成績）

ぼくは中学・高校と練習の厳しい野球部に所属していたから，勉強との両立がうまくいかなくて悩んだこともあったよ。

高校２年の夏，部内で最上級生となり，練習量やチームへの責任が増したことで，帰宅後もなかなか切り替えられず，勉強時間が少なくなってしまったんだ。

高校２年の終わりごろ，周りが少しずつ受験ムードに。
そこで，自分の勉強を見つめ直し，「毎日最低でもこれだけはやる」というルールを決めて守ることで，徐々に成績が上がっていったよ。

中学入学　高校進学　高校２年～３年　東大合格　（時間）

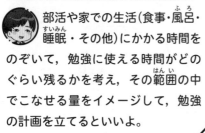

今の自分が中高生時代の自分にアドバイスするなら…

部活や家での生活（食事・風呂・睡眠・その他）にかかる時間をのぞいて，勉強に使える時間がどのぐらい残るかを考え，その範囲の中でこなせる量をイメージして，勉強の計画を立てるといいよ。

先生もいろいろ悩んで，自分に合う勉強法を発見したんだね。

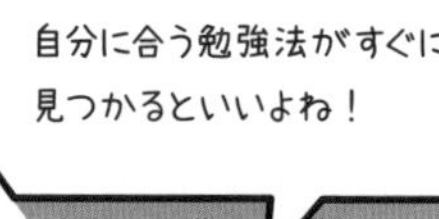

自分に合う勉強法がすぐに見つかるといいよね！

中高生時代に勉強でつまずいてしまうのは，自分に合わない勉強法を実践（じっせん）しているからかもしれない。
こーさく先生は，どうだったのかな？

得意教科と不得意教科，こーさく先生はそれぞれどのように勉強していたのかな？

得意教科の勉強法

得意教科は数学

5歳（さい）から教室に通って算数・数学を学んだよ。その名残（なごり）りで，中学・高校時代も武器となる教科に。

数学はずっと大好きだったので，毎日継続（けいぞく）して勉強。参考書の問題を見て，まずは自分で解き方を考えてから，解答解説で確認していたよ。

不得意教科の勉強法

不得意教科は英語

リスニング・リーディング・スピーキングをまんべんなく勉強したつもりだけど，苦手意識がなかなか克服（こくふく）できず……。

苦手でもなんとかがんばって向き合って，「全然できない」から「あんまりできない」ぐらいまでにはレベルアップしたよ。

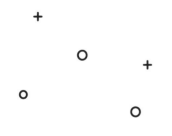

「勉強の進め方診断（しんだん）」や「認知特性テスト」で，自分に合う勉強法を知ることができるよ。
次のページから見ていこう！

「学び型」編

こーさく先生もつまずいていた!?

自分に合う勉強法の見つけ方 ❷

診断テストで自分の「学び型」を知ろう！

自分の「学び型」がわかる，“勉強の進め方診断”があるんだって!!

勉強の進め方診断？　何それ？

自分の「学び型」に合う勉強法を実践すれば，効果が出やすいんだね。

診断テストって何？

勉強の進め方診断は，「その人がどんなふうに勉強を進めていくと，勉強がうまくいきやすいのか」をまとめたものだよ。真面目にコツコツ進めたいタイプの人もいれば，気分次第で進めたい人もいるよね。細かいことが気になる人もいれば，大ざっぱな人もいる。勉強は，自分のタイプに合わせて実践していくのが一番なんだ。「FFS 診断」という理論を参考につくられているよ。

どんな「学び型」があるの？　それぞれの特徴は？

	積み上げる勉強	応用問題	問題を解くスピード	その他の特徴
弁別保全型（弁別×保全）	得意	苦手	ゆっくりていねいに解くのが合っているが，わからないところがあると時間がかかりがち。	自分にとって意味があると思える勉強ならがんばれるタイプ。
弁別拡散型（弁別×拡散）	苦手	挑戦したい！	パパッと解くのが得意だが，その分ミスも多くなりがち。また，わからないところを無視しにくい。	宿題など，他人からおしつけられた勉強に取り組むのが苦痛なタイプ。
感情保全型（感情×保全）	得意	苦手	ゆっくりていねいに解くのが合っていて，早く解くのが苦手。	自分が苦手なところと向き合い，まちがいを認めて反省できるタイプ。
感情拡散型（感情×拡散）	苦手	挑戦したい！	パパッと解くのが得意だが，その分ミスも多くなりがち。	「これ楽しい！」と思える勉強はするが，嫌いなものはできないタイプ。

弁別：白黒はっきりさせたいタイプ　　保全：慎重にコツコツと進めるタイプ

感情：気持ちに左右されがちなタイプ　　拡散：活発で行動力があるタイプ

自分の「学び型」を知らないまま，合わない勉強法を続けていると，
スランプにおちいることがあるよ。
ここでは，「学び型」について見ていこう！

診断テストで判明した，こーさく先生の「学び型」は…？

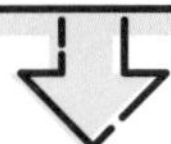

こーさく先生

苦手なことにもちゃんと向き合い，
取り組んできたこーさく先生。
その特徴は学び型にも表れていたよ。

「学び型」診断結果

感情保全型

弁別保全型

「こうなったらどうしよう」と考えて，入念な事前準備ができるタイプ

弁別拡散型

徹底的(てっていてき)に合理的な自分の勉強スタイルを構築するタイプ

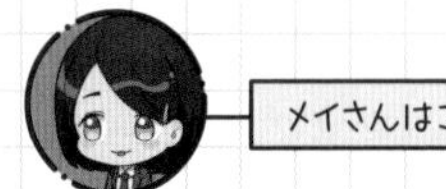

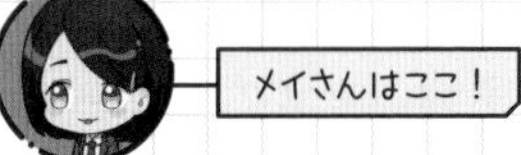

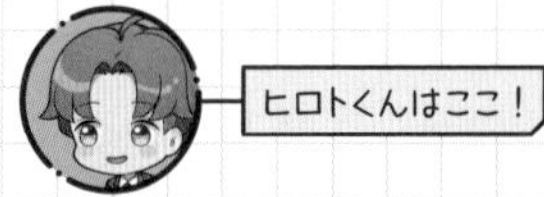

保全　　拡散

毎日勉強を続けられるようにルールを決めたことが，成績アップにつながったんだね！

こーさく先生はここ！

ナナミさんはここ！

勉強をコツコツ積み上げていくことができるタイプ

感情保全型

感情

自分が好きだと思う勉強を徹底的に追求するタイプ

感情拡散型

自己分析

ぼくはずっと部活をやっていたから，1日で長い時間，勉強できるわけではなかった。
だからこそ，毎日少しでも必ず勉強する時間をつくり，継続(けいぞく)するようにしていたよ！

きみの「学び型」はどれかな？

右の QR コードを読み取り，診断テストを受けてみよう！
きみの学び型に合う勉強法を紹介(しょうかい)するよ。

「覚え方」編

こーさく先生もつまずいていた!?

自分に合う勉強法の見つけ方 ❸

“認知特性テスト”で自分に合う「覚え方」を見つけよう!

“認知特性テスト”で,自分に合う「覚え方」を知ることができるんだって!

何ですかそれ? 心理テストみたいなものですか?

自分に合う「覚え方」,めっちゃ知りたいけど,「認知特性」って?

「認知特性」って何?

認知特性とは,「外界からの情報を頭の中で理解したり,記憶(きおく)したり,表現したりする方法」についての得意・不得意のこと。
たとえば,絵を見て理解するのが得意な人もいれば,文章を読んで理解するのが得意な人,聞いて理解するのが得意な人もいる。理解や記憶,表現をするときのやりやすい方法は,人によってそれぞれちがっているんだよ。

タイプ	説明
視覚優位タイプ	映像やイラストで覚えるのが得意なタイプ。 イラストや図解が豊富な参考書を選ぶと効果的。
言語優位タイプ	文字を読んで覚えるのが得意なタイプ。 2番目に優位なのが視覚なら,教科書や参考書を黙読(もくどく)するのが効果的。 2番目に優位なのが聴覚(ちょうかく)なら,音声講義つきの参考書が効果的。
聴覚優位タイプ	耳で聞いて,音で覚えるのが得意なタイプ。 教科書や参考書を音読するのが効果的。

人によって「聴覚×言語タイプ」など,さまざまなタイプが存在するんだって。

ぼくも認知特性テストを受けてみたよ!

不得意教科の成績がなかなか上がらないのは，自分の「特性」（その人特有の性質）に合わない「覚え方」をしているからかもしれないよ。
ここでは，「認知特性」について見ていこう！

認知特性テストによる，こーさく先生の診断結果は…？

こーさく先生

リスニングが苦手だったこーさく先生。それって自分の特性と関係があったみたい。

「認知特性」診断結果

言語優位タイプ

視覚 10 8 6 4 2 0

言語 8 / 聴覚 5 / 視覚 6

視覚 ○
聴覚よりも視覚がやや優位なタイプなので，簡単なイラストや図をそえて，ノートにまとめると覚えやすくなるよ。

言語 ◎
言語優位タイプのこーさく先生の場合，ストーリー仕立てで覚えると記憶に残りやすい。英単語などは語呂合わせを活用すると，覚えやすかったはずだよ。

聴覚 △
リスニングやスピーキングが苦手だったのは，耳で聞いて覚えるのがあまり得意ではなかったからかも。それでもリスニングの出題が多い東大に合格できたのは，ちゃんと取り組んだ証拠だね！

自己分析
たしかに，勉強の BGM として音楽を聞くことはよくあったけど，リスニング教材とかはなかなか集中して聞けなかったなぁ。聴覚の数値がほかの特性より低いのも，納得だね。

きみは何タイプかな？

右の QR コードを読み取り，認知特性テストを受けてみよう！
きみの特性に合う勉強法を紹介するよ。

1章 数と式

中学校で習う数学には，方程式や関数，図形や確率の問題などいろんな種類があるけど，そのすべての単元において重要になるのがこの「数と式」という章だよ。小学校で習った四則計算を応用したものになるから，ぜひここを理解してこれからの勉強に備えよう！

KOSAKU

計算問題か〜。ちょっと苦手だけど，すばやくできるようにがんばろっと。
メイに負けてられない！ノーミス目指して突っ走るぞ〜！

1年 正負の数の計算①

負の数のたし算・ひき算ってどうやるの？

今日の一問

$-6-(-8)$ を計算しましょう。

これはマイナスの数の計算問題だね！ これが宿題で出されたのかな？

そう！ でも全然わからないの。**マイナスがいっぱいでこんがらがっちゃって…。**

そういうときは，１つ１つ**分解**して考えてみよう！ まずはこれをやってごらん？

ROUND 1

$1-(-2)=$ 1 $+$ 2
$=$ 3

負の数をひくことは
正の数をたすことと同じ

え，これプラスになるの!? どうして？

そうだねえ，理由をちゃんと説明するのはすごく難しい話になっちゃうけど…。
たし算が右に進む，ひき算が左に進むと考えたとして，「マイナスの数をひく」ということは**後ろ歩きをする**イメージで考えるといいかも！
「**左を向いた状態で後ろ歩きをする**」と，どうなる？

右に進む…？ あ，そういうことか！ 確かにたし算と同じになる！

そういうこと！ じゃあ次はこの問題を考えてみよう〜。

ROUND 2

$-3+5=$ 2（$+5$：右へ５）

5をたす
右へ５進む
−3　0　2

数直線上で考えると
○たし算…右へ進む
○ひき算…左へ進む

そうか！「$-3+5$」って数直線の -3 から右に５進んだところって考えればいいんだ！

はなまる！ そうやって，自分が計算しやすいようにくふうをして考えよう！
それじゃあ，この２つの例題をふまえて「今日の一問」を解いてみよう〜。

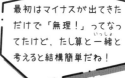

FINAL ROUND

$-6-(-8)=$ -6 ＋ 8（右に８進む）
$=$ 2

 練習問題

解答解説▶▶別冊２ページ

STEP 1 次の計算をしなさい。

1 $2-(-3)=$

2 $3-(-1)=$

3 $1-(-5)=$

STEP 2 次の計算をしなさい。

1 $-1+6=$

2 $-4+5=$

3 $-3+7=$

STEP 3 次の計算をしなさい。

1 $-3-(-5)=$

2 $-2+(-6)=$

3 $-6-(-3)=$

1年 正負の数の計算②

負の数のかけ算・わり算ってどうやるの？

今日の一問

$(-4)\times(-3)\div(-2)$ を計算しましょう。

マイナスの数ばかりの計算式だね。これは計算ミスが多そうだ〜。

そうなんだよ〜。答えもマイナスになるかな？ と思うんだけど，**自信がもてなくて…。**

じゃあ今回も計算を**分解**して考えてみよう！ まずはこれをやってごらん？

ROUND 1

$(-2)\times(-5)=$ $+(2\times5)$
$=$ 10

マイナスの数を偶数（ぐうすう）個かけたりわったりすると，答えはプラスになる。

え！ これもプラスになるんだ！ 本当にマイナスの数って不思議…。

そうだねえ…。これもなかなか説明が難しいんだけど…。
これはプラスマイナスを**方向で考える**とわかりやすいかもしれないね！
マイナスをかけると向きが逆になると考えてみよう。もともと右を向いていたとして，マイナスをかけると左を向くことになるよね。その状態で，もう1回マイナスをかけるとどうなる？

左の逆だから…。右を向く！ てことは，もともとの向きと一緒（いっしょ）になるのか…！

そう！ だから**マイナスどうしのかけ算はプラスになる**んだよ〜。
もう1つ，次はわり算についても考えてみよう！

ROUND 2

$6\div(-3)=$ $-(6\div3)$
$=$ -2

マイナスの数を奇数（きすう）個かけたりわったりすると，答えはマイナスになる。

よし，じゃあこの２つの例題をふまえて「今日の一問」を解いてみよう〜。

FINAL ROUND

$(-4)\times(-3)\div(-2) = 12 \div(-2)$

$= -(12\div 2)$

$= -6$

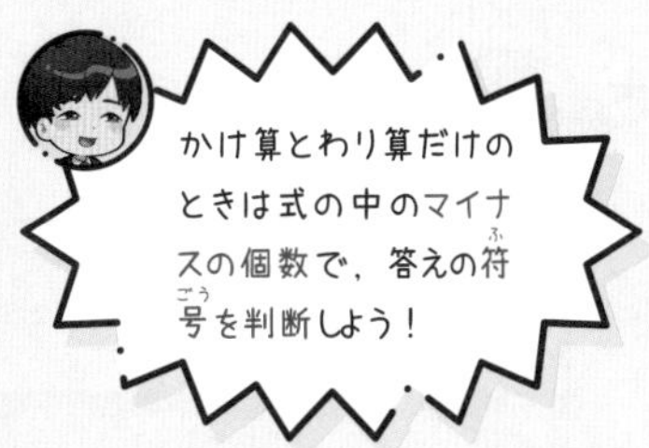

かけ算とわり算だけのときは式の中のマイナスの個数で，答えの符号を判断しよう！

練習問題

解答解説▶▶別冊２ページ

STEP 1 次の計算をしなさい。

1 $(-3)\times(-2)=$

2 $(-4)\times(-1)=$

3 $(-2)\times(-6)=$

STEP 2 次の計算をしなさい。

1 $8\div(-2)=$

2 $15\div(-5)=$

3 $16\div(-4)=$

STEP 3 次の計算をしなさい。

1 $(-6)\times(-2)\div(-4)=$

2 $(-4)\times(-5)\div(-10)=$

3 $(-4)\times(-4)\div(-8)=$

そうそう！ でも，「今日の一問」みたいにマイナスが３つになると答えはマイナスになる。「－」が偶数個ならプラス，奇数個ならマイナスと覚えておこう！

数を 0 でわるとどうなるの？

「3÷0」っていくつになる？

今日はちょっと面白い問題をもってきたよ～。みんなどうかな？

「3÷0」!? 数を 0 でわるなんて，どうやったらできるの…？ 確か小学校のころ，数を 0 でわることはできない，って習った気がするんだけど…。

ナナミさんさすが！ そうだね。基本的には合ってるよ。0 でわるわけではないけど高校や大学の難しい数学を学ぶと，この「わる数を限りなく小さくする」という考え方が出てくるんだ。今日はその話を，ちょっとだけみんなで理解してみよう！
ここからはすべて正の数で話をするよ。

TIPS　ハイレベル

$3 \div a$ の商について，a を 0 に近づけると
$a=1$ のとき 3
$a=0.1$ のとき 30
$a=0.01$ のとき 300
⋮

わる数と商の関係性

わり算の「わる数」が 0 に近ければ近いほど，「商」が大きくなるという関係がある。
これを「3÷0」に応用すると…？

ほんとだ！ a を小さくしていくと，商がどんどん大きくなりそう。

でも，これって結局どうすればいいんだろう。

この流れでいくと，商を 3000 より大きくしようとすると a はいくつより小さくすればいい？

「0.001」！

はなまる！ じゃあ 300000 より大きくしようとしたら？

「0.00001」！

はなまる！ こんな感じで商をいくら大きく設定されても a の値(あたい)をもっと 0 に近づければ対応できそうだね。これを高校では，「a を 0 に近づけたときの $3 \div a$ の極限(きょくげん)は無限大(むげんだい)(∞)である」というんだ。要は値にならないということ。

うーん。わかったようなわからないような。

もっとくわしく知りたい人は，高校数学の「極限」で学ぶからおたのしみに，だね！

Q&A 01 自分に合う勉強法をどうやって見つけるの？

こーさく先生，私に合う勉強法って，どうやったら見つけられるの？

こーさく先生：ぼくはフィーリングが大事だと思うよ。
メイさんが「これいいな！」と感じる勉強法で，それを無理せず続けられそうだったら，それが合っていると思うし，どんな方法でも続けられれば力はついてくるよ。

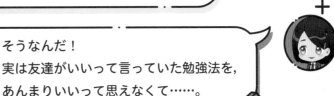

そうなんだ！
実は友達がいいって言っていた勉強法を，あんまりいいって思えなくて……。

こーさく先生：その勉強法は，友達には合っているかもしれないけど，メイさんには合っていないのかもしれないね。
勉強の方法は人それぞれだから，人がいいと思うかどうかより，自分がやる気になれることがいちばん大事だよ。

そっか。自分基準で考えてみるね。

フレー フレー

COMMENTS

「無理せず」は，ほんと大切！ ぼくはイラストをかくという方法をやってみたことがあるんだけど，絵が下手すぎて挫折したよ。自分に合った方法が見つかると勉強が楽しくなる。認知特性（16 ～ 17ページ）も参考にしながら，いろいろな方法を試してみてほしいな。

1年　累乗(るいじょう)の計算

2乗(じょう)・3乗の計算ってどうやるの？

今日の一問

$(-6)^3$ を計算しましょう。

お，これは累乗の計算問題だね。しかもマイナスの数だからなかなか大変だ。

これ，累乗っていうんだね。数字の右上に小さい数字がくっついている問題がいくつか出たんだけど，そもそもどうやって計算すればいいのかすら忘れちゃって…。

そういうときは，まずプラスの数の累乗から計算してみよう！

ROUND 1

・$3^2 = 3 \times 3$
$= 9$

・$2^3 = 2 \times 2 \times 2$
$= 8$

・右上に小さく書かれた数の個数だけ，もとになる数をかけ算する。
・2乗のことを平方(へいほう)，3乗のことを立方(りっぽう)ともいう。

右上の小さい数の個数だけ同じ数をかければいいってことなのね！

そうそう！ ちなみに，その小さい数字のことを「指数(しすう)」っていうんだよ〜。
そして，たとえば「3^2」なら「3の2乗」，「2^3」なら「2の3乗」と読む！

なるほど！ これでプラスの数の計算ならできそうだ。

じゃあこれをふまえて，次はマイナスの数を考えてみよう。

ROUND 2

$(-2)^3 = (-2) \times (-2) \times (-2)$
$= -8$

累乗をかけ算になおし，かけ算のルールに従って計算する。

累乗のルールを覚えたら，あとはこの前やったマイナスの数のかけ算だ！

はなまる！　あとは数字が変わっても同じことをするだけだね！　やってみよう〜。

$(-6)^3 = (-6) \times (-6) \times (-6)$

$= -(6 \times 6 \times 6)$

$= -216$

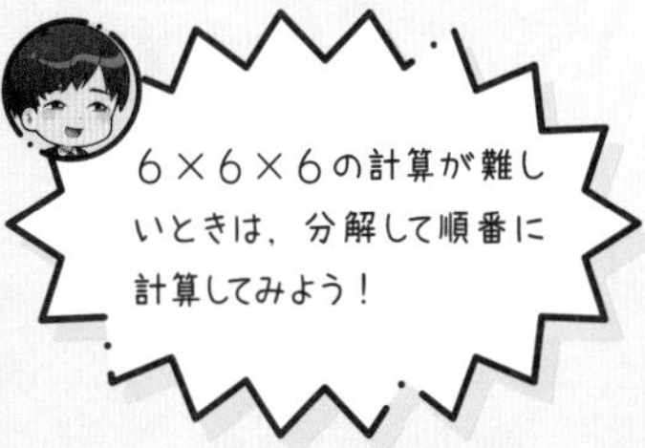

6×6×6の計算が難しいときは，分解して順番に計算してみよう！

練習問題

解答解説▶▶別冊 3 ページ

STEP 1 次の計算をしなさい。

1 $4^2 =$

2 $5^3 =$

私，この計算，結構好きかも！ 数には，こんな表し方があるんだね，面白いな〜。

STEP 2 次の計算をしなさい。

1 $(-7)^2 =$

2 $(-4)^3 =$

3 $-6^2 =$

面白いと思えるのはとてもいいことだね！ 2(p.22)で話した，マイナスの個数で答えの符号(ふごう)を判断するスキルを，ここでも応用してみよう〜。

STEP 3 次の計算をしなさい。

1 $3^4 =$

2 $(-2)^5 =$

1年 約数

約数の求め忘れに気づくには…？

今日の一問

24の正の約数をすべて求めましょう。

今日は約数の問題だね！「すべて求める」がなかなか難しいんだよね〜。

本当にそうなの！ 自分では全部出したつもりでも，いつも何か1つ抜(ぬ)けてて…。

どこで抜けちゃってるか確かめるために，約数の定義からおさらいしよう！

ROUND 1

約数とは
ある整数を［わり切ること］ができる数。
［1］と［もとの数自身］もふくまれる。

「8÷4」はわり切れる。
「8÷3」はわり切れない。

あーーー。「1」が入るのは知ってたけど，もとの数は入れてなかったかも…。

ここで気づけたならよかったじゃん！ **その整数をわり切ることができる数**って定義だから，もとの数自身もふくまれるんだよね。これをふまえて，実際に約数をすべて求めてみよう！

ROUND 2

12の正の約数をすべて求めましょう。
［1，2，3，4，6，12］

「−1」「−2」も実は約数ではあるが，この問題は「正の数」に限定している。

これはできた！ でも数が大きくなるとどこか抜けちゃいそうだな…。

その気持ちめっちゃわかる！ そういうときはね，小さい順に並べたとき，**両端(りょうたん)にくる数から求めていく**といいんだ。
たとえば12の約数なら，まず「1」があるでしょ？ それを左端に書いて，「12÷1」をして出た「12」を右端に書く。そしたら次に，「2」を「1」のすぐ右に書いて，「12÷2」をして出た「6」を「12」のすぐ左に書く。次は「3」を…。と続けて，数が被(かぶ)るまでやるんだ！

なるほど…！ 両側から順番にやっていけば，確実に約数を出すことができるね。

はなまる！ じゃあこのコツを使って，「今日の一問」を解いてみよう～。

FINAL ROUND

24の正の約数をすべて求めましょう。

1, 2, 3, 4, 6, 8, 12, 24

数が大きくなっても，
やることは変わらないよ！

練習問題

解答解説▶▶別冊 3 ページ

STEP 1 次の数の正の約数をすべて求めなさい。

1 8

2 18

3 28

4 38

数が大きければ大きいほど，約数も多くなると思ってたけど，そうじゃないみたいね！

STEP 2 次の数の正の約数をすべて求めなさい。

1 72

2 108

小さい数でも，その数自体がいろんな数のかけ合わせで構成されていれば，約数は多くなるよ～。

1年 素因数分解（そいんすうぶんかい）

素因数分解ってどうやるの？

今日の一問

120を素因数分解しましょう。

今日は**素因数分解**の問題だね！ これも細かいミスが多くなりがちだねえ。

なんとなくやることはわかるんだけど，どう分解すればいいかが難しい…。

よし，じゃあこれも，まず**素因数分解の意味**からおさらいしよう！

ROUND 1

・素因数分解とは

→ある数（正の整数）を 素数 の

かけ算で表すこと。

・ 素数 とは

→ 1 と その数 以外に約数を

もたない数

・因数分解　12＝2×6

ある数を，数のかけ算で表す。

この2や6を因数という。

・素因数分解　12＝2×2×3

ある数を，素数（そすう）のかけ算で表す。

「素因数」ってそういう意味だったのか！ **素数の因数で素因数**か！

はなまる！「素因数」だけになるまで数を分解することが「**素因数分解**」だよ。

漢字の意味を考えてみると，何をすればいいのかわかるからオススメ！

これをふまえて，実際に数を分解してみよう～。「2，3，5，7，…」って感じで，小さい数から試してみて，もとの数をわり切ることができるか考えてみよう！

ROUND 2

30を素因数分解しましょう。

30＝ 2×3×5

・左から小さい順に書く。

・同じ数字は累乗（るいじょう）で表す。

30ならできた！ これってなんか約数を求めたときと似てるよね。

そうだね！ もとの数をわり切ることができる素数を見つけて，どんどん数を分解していけば答えが出るよ～。よし，この流れで「今日の一問」もやっちゃおう！

FINAL ROUND

120 を素因数分解しましょう。

$120 = 2^3 \times 3 \times 5$

累乗を忘れちゃったときは，
3(p.26)に戻って復習

練習問題

解答解説▶▶別冊 4 ページ

STEP 1 次の数を素因数分解しなさい。

1 24

2 50

3 81

4 96

素因数分解，結構慣れてきたよ！ でも，これってどういうときに使うの？

STEP 2 次の数を素因数分解しなさい。

1 144

2 256

いろんなところで使われるけど，１つは「分数の約分」だね。「$\frac{24}{36}$」の約分とか，ね。みんなもやってみてごらん！

偶数である素数って存在するの？

「素数はすべて奇数である」〇か×かどっち？

今日はぼくが１つ〇×クイズをもってきたよ！ みんなで考えてみよう～。

えっと…。素数が全部奇数かどうか，かぁ。素数ってさっきやったやつだよね？

そうそう！ 定義は確か，「１とその数以外に約数をもたない数」だったはず！

定義は合ってるよ！ それをふまえて，〇か×か考えてみてごらん？
１つヒントとして，この問題のような「すべて○○である」という文章が正しいかまちがっているかを判断するには，それが成り立たない例があるかどうかを考えるといいよ！

TIPS

命題「素数ならばすべて奇数だ」
反例「素数であるが偶数である例」
数は必ず「奇数」か「偶数」のどちらか

ハイレベル

命題と反例の関係性

正しいか正しくないかが判断できる主張を「命題」としたとき，それが正しくない例を「反例」という。反例が１つでもあると，その命題は正しくない。

んー，完全に理解できたかはわかんないけど…。とにかく今回の場合は，素数の中に偶数のものが１つでもあれば答えは×だし，逆になければ〇ってこと，だよね？

はなまる！ 飲み込みがはやいね～，さすがメイさんだ！

え，じゃあ〇じゃない？ だって，偶数って２の倍数ってことだよね。
その時点で，素数にはなり得ないんじゃ…。

あ，そうか！ ナナミちゃんの言うとおりだ！ てことは答えは〇…

ちょっと待った！ ２だけは素数になるんじゃないか？

ヒロト先輩そうなんですか…？ でも２だって偶数だから２の倍数…。あれ？

そっか，２の場合は２が「その数自身」になるから，素数のルールに合うんだ！

気づいたみたいだね！ さすがヒロトくん，ナイスアドバイスだったね。
てことでこのクイズの答えは×！ ちなみに偶数の素数はこの「2」しかないよ。
「素数の中には，ただ１つだけ偶数が存在する！」 これを今後も覚えておこう～。

Q&A 02 モチベーションを上げるにはどうしたらいい？

こーさく先生，なかなかやる気が出なくて困っちゃう。
何かいい方法はないかな？

メイさんは，勉強するとき，どんな文房具（ぶんぼうぐ）を使ってる？
見た目や書き心地が気に入っているものを持っていると，勉強へのモチベーションも上がるよ。

へえ！ 見た目は気にするけど，書き心地はあんまり気にしてなかった。

書き心地がいいと気分がいいし，疲（つか）れにくいから，がんばれるよ。
SMASH のシャーペンは，重さを感じずにサラサラ書けるのでおすすめ。ぼくも愛用しているよ。もちろん好みがあるから，自分に合うものを探してみて！

いいね

COMMENTS

文房具の例はおもしろいね！ ぼくも高校生のとき，志望校のロゴがついたシャープペンシルを「テストのときだけ使う」と決めていたよ。せっかく使うならテストで良い結果を出したいという思いが，ふだんの勉強のやる気にもつながってた気がするな。

1・2年 文字式の表し方

係数(けいすう)と次数(じすう)ってどう求めるの？

今日の一問

$-3xy^2$ の係数と次数をいいましょう。

先生～，もうぜんっぜんわかんないよこれ…。何を求めればいいのかすらわかんない！

お，ついに文字式の問題に入ったね！ ここはすごく大事なところだぞ～？

文字と数字って合わせて出てくる必要なくない…？ こんなのいらないよ！

強気に出たねえ～。じゃあ１つ問題を出すよ！
「１個 a 円のりんごを３個買ったとき，代金はいくらになる？」

えっと，$a\times3$ だから…。$a3$ 円？ あれ？ $3a$ 円か…？ どっちが先になるんだ…？

ほら，そういうときに困るでしょ？ だから，**文字式にはいろいろなルールがあるの！**
今回はこの問題に答えるためのルールを１つずつおさらいしよう！

ROUND 1

$2\times x=$ [$2x$]

$(-3)\times y=$ [$-3y$]

$1\times a=$ [a]

・数字を先に，文字をあとに書く。
・この文字の前にある数字を係数という！
・係数の「１」は省略する。

１は書かないんだね！ 確かに，「$1a$」とか「$1x$」とかってあんま見ないかも…。

そう！ これが係数のルールだね。じゃあ次は次数について考えてみよう～。

ROUND 2

次数とは：かけ合わせた  [文字] の個数

$2x^2$ の次数は [2]

ちがう文字がかけられていても一緒(いっしょ)に数える。「$2xy$」なら次数は２になる。

なるほど…。**かけられている文字の個数で判断**するのか…。じゃあ「ab」とか文字が変わったとしても，文字２個だから次数は２ってことだよね？

正解！ もうできそうだね！ じゃあ「今日の一問」，いってみよう～。

FINAL ROUND

$-3xy^2$ の係数と次数はそれぞれ

係数 -3 ，次数 3

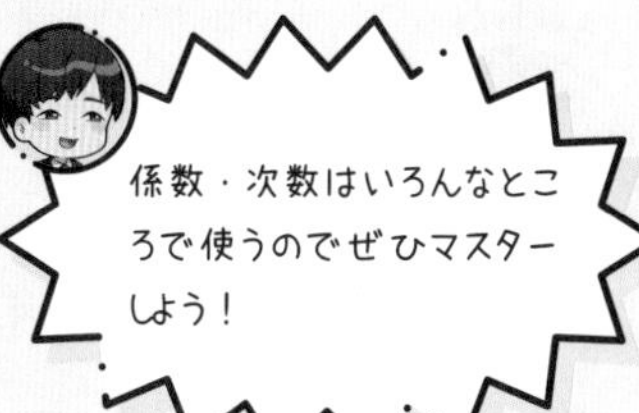

係数・次数はいろんなところで使うのでぜひマスターしよう！

練習問題

解答解説 ▶▶ 別冊 4 ページ

STEP 1 次の問題に，文字式で答えなさい。

1 みかんが x 個入った袋(ふくろ)が 4 袋あるとき，みかんは合わせて何個あるか，文字式で表しなさい。

______

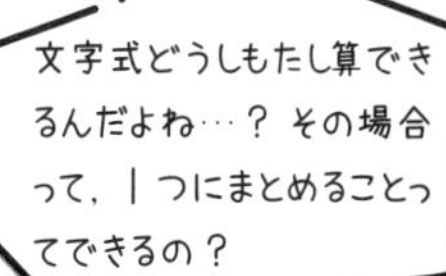

文字式どうしもたし算できるんだよね…？ その場合って，1 つにまとめることってできるの？

2 1 個 a 円のりんごを 3 個，1 個 b 円のみかんを 4 個買ったときの代金を文字式で表しなさい。

______

STEP 2 次の文字式の係数と次数をいいなさい。

1 $6x$

係数 ______ 次数 ______

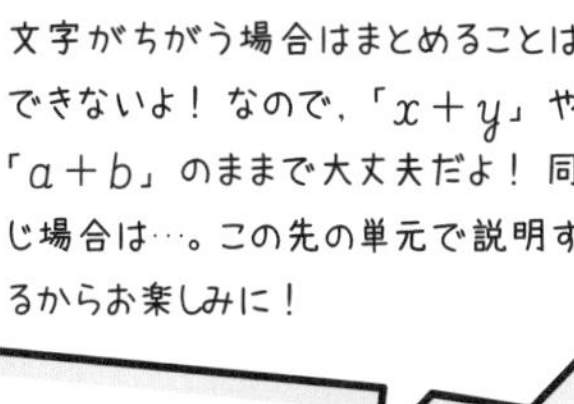

文字がちがう場合はまとめることはできないよ！ なので，「$x+y$」や「$a+b$」のままで大丈夫だよ！ 同じ場合は…。この先の単元で説明するからお楽しみに！

2 $-3a^3$

係数 ______ 次数 ______

3 $4xy^3z^2$

係数 ______ 次数 ______

2次式・3次式ってなんだろう？

「$3x^3-2x+4$」って何次式？

今日はちょっとまじめな問題になっちゃったかな…？
さっきの授業で次数（じすう）については学んだと思うんだ。でも，これは似てるけどちょっとちがって，「○次式」という考え方だね。みんなで考えてみよう～。

とりあえずさっき習った次数で考えてみる！ たとえば「$3x^3$」なら，次数は3だよね。てことは，3次式ってことでいいのかな…？

さすがに単純すぎるんじゃない？ だって，「$3x^3$」だけならいいけど，今回は後ろにも式が続いているし…。

ナナミさん，いい指摘（してき）だね！ でも実はこの問題は，メイさんが言った「3次式」が正解でいいんだ。

そうなの！ やったぁ。でも，どういう決まり方をしているんだろう…？

よし，じゃあ，ここで「○次式」のきまりについてちょっと見てみよう！

TIPS ハイレベル

「$3x^3-2x+4$」
↑このような式を多項式（たこうしき）という。
「$3x^3$」「$-2x$」「$+4$」
↑分解したものを項（こう）という。

多項式において，各項の次数のうちもっとも高いものを，その多項式の次数という。
この次数が2なら，2次式
　　　　　3なら，3次式

あ，意外とシンプルなのね！ だいぶスッキリしたよ～。

そうね！ でも，ぶっちゃけこれって知っておく必要ある…？ 問題解いていて，「これは何次式でしょうか？」なんて問題あんま出ないと思うけどなぁ。

ナナミさんの言うとおり，確かにこんな問題はめったに出ない。でも，難しい問題の問題文で，「この3次式を○○と…」と文章中に登場することがあるんだ！ このときに，「○次式」という考え方をちゃんと押（お）さえておくと，問題が解きやすくなるよ。

なるほど…！ これから意識して問題文を見るようにしてみるね！

Q&A 03 スマホを勉強に役立てるには？

ナナミ：こーさく先生，スマホを勉強に使ってもいい？ 効果的な使い方ってある？

こーさく先生：ナナミさん，限られた時間内で勉強したいとき，スマホは便利だよ！

ナナミ：移動中，電車やバスに乗っているときとか？

こーさく先生：それだけじゃないよ。お風呂（ふろ）に入っているとき，髪（かみ）の毛（け）を乾（かわ）かしているときなど，生活にはスキマ時間がたくさんある。
そういう，ノートや教科書を広げるほどではないけど，ちょっと時間があるっていうときに，スマホで英単語のアプリをやってみるとか，そんなふうに活用するといいよ。

ナナミ：なるほど！ 今までぼんやりしていた時間を使って，アプリをやってみるよ。

COMMENTS

いっせー先生：スキマ時間の活用という意味では，スマホってすごく使いやすいよね。こーさく先生の言うやり方以外でも，今日の授業の板書を写真で撮（と）ったり，難しかった問題を写真で撮ったりして，記録しておくのもいいよね！

2年 単項式・多項式の計算①

文字式のたし算・ひき算ってどうやるの？

今日の一問

$3x^2+4y-5x-2y$ を計算しましょう。

今回は文字式どうしのたし算・ひき算だね！ さっそくやってみよう～。

さっそくって言われてもできないよ！ これってどう計算すればいいの？ 文字が入ってくると，計算のしくみって変わるの？

基本的には同じだよ！ よし，まずは文字式の計算のルールを見てみよう！

ROUND 1

$2x+3x=$ $5x$

$3y-5y=$ $-2y$

$2a+4b=$ $2a+4b$

そのまま

文字が同じ項
→係数どうしを計算してまとめる

文字がちがう項
→計算できない

なるほどね！ 文字が同じだったら，**係数はふつうの数のたし算・ひき算と同じように計算して，そのあとに文字をくっつければいい**，ってことか～。

そういうこと！ 逆に**文字がちがったら，計算しちゃダメ**だよ。
たとえば，「$a+b$」を「ab」と計算することはできないからね。

それはわかるんだけど，「x^2+x」とかはどうなるんだっけ？「x^3」になる…？

ならないならない！ よし，じゃあそこを解説するよ！

ROUND 2

$5x^2+2x-3x^2$

$=$ $2x^2+2x$

文字が同じでもその次数がちがう項
→計算できない

わかった！ つまり，**計算できるのは文字も次数も同じとき**だけってことね！

はなまる！ 理解がはやいねえ～。じゃあ，最後まで問題を解き切っちゃおう！

FINAL ROUND

$3x^2+4y-5x-2y$

$=$ $3x^2-5x+2y$

式が長くなればなるほど，ミスも増えるから気をつけよう！

練習問題

解答解説▶▶別冊 5 ページ

STEP 1 次の計算をしなさい。

1 $x+4x=$

2 $-3y+7y=$

3 $2a-6a=$

単純にたし算・ひき算に苦戦しちゃう…。シンプルに計算力不足だ！ なんとかしなければ～。

STEP 2 次の計算をしなさい。

1 $-a^2+5a+2a^2=$

2 $5x-3x^2+2x=$

STEP 3 次の計算をしなさい。

1 $-b^2+2a+4b-3a=$

2 $4y^2+x^2-3x+2y^2-2x^2=$

どんな単元を学ぶにも，計算力が必須ってことがわかってきたでしょ？ いろんな公式を覚えながら，計算にもっと慣れていこう！

2年 単項式・多項式の計算②

文字式のかけ算・わり算ってどうやるの？

今日の一問

$4a^2b \times 3b \div 6a$ を計算しましょう。

今回は文字式どうしのかけ算・わり算だね！ これ，結構ミスが多いんだよね。

え，これ何から手をつければいいの…？ かけ算・わり算が両方あるし…。

じゃあまずは，文字式のかけ算・わり算のルールを確認しよう！

ROUND 1

- $a^2 \times a^3 = (a \times a) \times (a \times a \times a) = a^{5}$
- $x^2 \times x = (x \times x) \times x = x^{3}$
- $b^3 \div b^2 = \dfrac{b \times b \times b}{b \times b} = b^{1} = b$

- 累乗どうしのかけ算→指数はたし算
- 累乗どうしのわり算→指数はひき算
- x は「x の１乗」「x^1」と同じ！

え，そうなんだ！ $a^2 \times a^3$ って，a^6 になると思ってた！ 危ない危ない…。

これがたし算になる理由は，「指数」について復習するとわかりやすいよ！
「a^2」は「a が２回かけられたもの」だから，そこに「a^3」をかけ算すると，さらに「a を３回かける」ことになるから，合計で５回かけたことになるんだ。

てことはわり算も同じか！「b^3」を「b^2」でわると，「b が３回かけられたもの」を「b が２回かけられたもの」でわるから，３から２をひいて b の１乗になる，ってこと？

はなまる！ じゃあ次は，複雑な計算をするときのコツを紹介しよう～。

ROUND 2

$$6x^2 \times 2y \div 3x = \frac{{}^{2}\cancel{6}x^{\cancel{2}} \times 2y}{{}_{1}\cancel{3}\cancel{x}}$$
$$= 4xy$$

- かけ算は分子に，わり算は分母に書く。
- 係数，文字の順にそれぞれ約分する。
- 約分して残ったものをかけ合わせて答えを出す。

ほんとだ…。分数にすると一気に計算できるから，ミスが減りそう！

そうだね！ あとは係数，文字と１つずつ計算するだけ。「今日の一問」もやってみよう！

FINAL ROUND

$4a^2b \times 3b \div 6a = \frac{4a^2b \times 3b}{6a}$

$= 2ab^2$

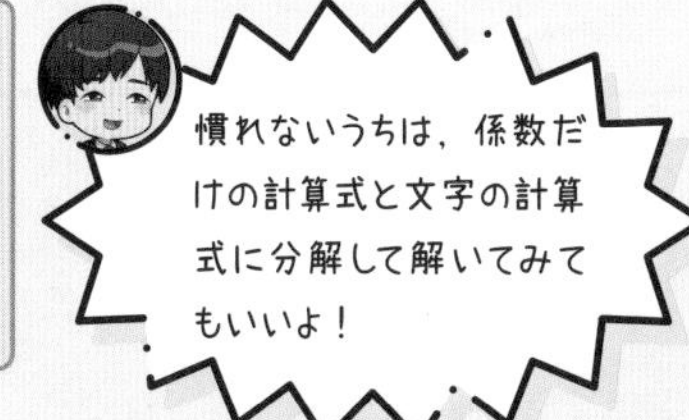

慣れないうちは，係数だけの計算式と文字の計算式に分解して解いてみてもいいよ！

練習問題

解答解説 ▶▶ 別冊５ページ

STEP 1 次の計算をしなさい。

1 $x \times x^2 =$

2 $y^3 \times y =$

3 $a^4 \div a^3 =$

最初は何から計算すればいいかがわかんなかったけど，係数の計算式と文字の計算式に分けるといいんだね！

STEP 2 次の計算をしなさい。

1 $2a \times 3b =$

2 $6xy^2 \div 2y =$

3 $8a^2 \div 6b \times 3ab =$

4 $x^2y^2 \div 3x \times 9y =$

でしょでしょ！
文字式の計算はここからたし算・ひき算と混ざってきたり，文字が増えたりしてどんどん難しくなるから，頑張っていこう～。

2年 代入(だいにゅう)

文字式に値(あたい)なんてあるの？

今日の一問

$x=-2$, $y=3$ のとき，$2x^2-x+4y$ の値を求めましょう。

値を求める…？ 文字式に値なんてあるの…？

いい質問だね〜。文字式そのものは値ではないんだけど，その**文字を数におきかえること**で値を求めることができるんだ！ **これを「代入」という**んだよ。
じゃあまずはこの「代入」について，簡単な例を挙げて確認してみよう！

ROUND 1

$x=3$ のとき，$3x-2$ の値は

$3x-2=3\times$ [3] -2

$=$ [7]

式に出てくる「x」「y」「a」「b」のような文字を，数に置きかえることを代入という。

これ面白いね！ なんか変身みたい！

変身！ いいたとえだねえ〜。式の中の「x」の部分が数に変身する，ととらえると確かにわかりやすいかも！
ちなみに，こうやって変身させて求めた値を「**式の値**」というから，ぜひ覚えておこう。
じゃあ次はマイナスの数を代入することを考えてみよう〜。

ROUND 2

$a=-3$ のとき，a^2+a の値は

$a^2+a=$ [(-3)]^2 $+$ [(-3)]

$=$ [6]

マイナスの数を代入するときは，括弧(かっこ)( )をつける。

マイナスの数の計算って本当にミスが怖(こわ)い！ １つずつ注意して計算しないとな…。

そうだね！ 括弧をはずすときのマイナスの計算方法もおさらいしよう！

あれ，でもさ？ この宿題で出された問題は文字が「x」と「y」で２つあるよね？

文字の種類が複数あっても，同じようにそれぞれの文字を数に変身させればいいよ！
計算ミスがないように，文字と数を照らし合わせて代入しよう！ じゃあやってみよう～。

FINAL ROUND

$x=-2$，$y=3$ のとき，

$2x^2-x+4y=2\times(-2)^2-(-2)+4\times3$

$=$  22

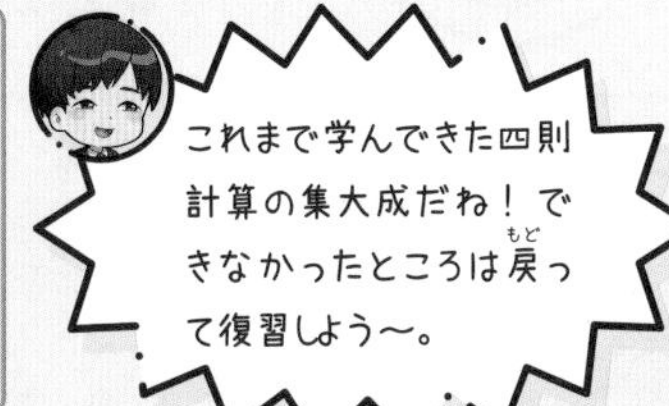

 ## 練習問題

解答解説▶▶別冊 6 ページ

STEP 1 次の式の値を求めなさい。

1 $a=4$ のとき
$2a+3$ の値

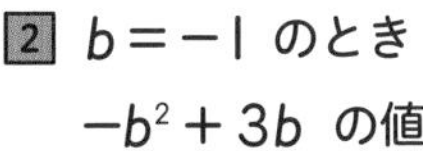

2 $b=-1$ のとき
$-b^2+3b$ の値

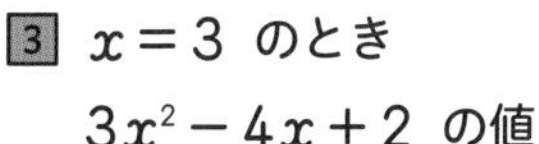

3 $x=3$ のとき
$3x^2-4x+2$ の値

マイナスが多いとこんがらがっ
てくるね…。もともとの係数（けいすう）の
マイナスと，代入した値のマイ
ナスが両方あると難しい…。

STEP 2 次の式の値を求めなさい。

1 $a=-1$，$b=5$ のとき
$-2a^2+b^2-3b$ の値

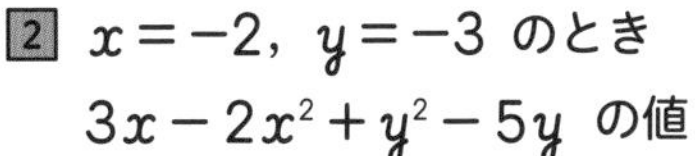

2 $x=-2$，$y=-3$ のとき
$3x-2x^2+y^2-5y$ の値

そうだよね～。数だけの計算でも
文字が入っても，マイナスがミス
の原因になるのは一緒（いっしょ）だよね。
慎重（しんちょう）に計算しよう！

3年 乗法公式の基本

( )のついた式ってどう展開するの？

今日の一問

$(a+2)(a-3)$ を展開しましょう。

これってどうやってやるんだっけ…？ 習ったはずなんだけど忘れちゃって…。

これは多項式どうしの展開だね！ これには覚えておくと便利な公式があるんだ。まずは，展開とはそもそもどういうものなのか，文字を使って確認してみよう！

ROUND 1

$3a(2b+3)$

$= 6ab+9a$

$-x(2x-3y)$

$= -2x^2+3xy$

$(a+3)(b+2)$

$= ab+2a+3b+6$

☆分配法則（単項式 × 多項式）

$a(b+c) = ab+ac$

☆展開（多項式 × 多項式）

$(a+b)(c+d) = a(c+d)+b(c+d)$

$= ac+ad+bc+bd$

両方に括弧( )がついている式どうしのかけ算ができなかったけど，1つずつ分解すればよかったのか！ 確かにこれなら計算できそうだ。

はなまる！ じゃあこれをふまえて，多項式の展開の中でいちばんよく使うパターンの公式を覚えてみよう！ 次を見てごらん…？

ROUND 2

$(x+2)(x+1)$

$= x^2 + (2+1)x + 2$

$= x^2+3x+2$

☆乗法公式の基本

$(x+a)(x+b) = x^2+bx+ax+ab$

$= x^2+(a+b)x+ab$

なるほど…！ この公式は見たことがあったんだけど，全然意味がわからなかったんだよね。でも，展開について理解できるとすごくわかりやすくなった！

これを理解できれば，あとは数字をあてはめるだけ！「今日の一問」，やってみよう～。

FINAL ROUND

$$(a+2)(a-3)=a^2+(2-3)a-6$$
$$=a^2-a-6$$

文字式の計算

 練習問題

解答解説 ▶▶ 別冊 6 ページ

STEP 1 次の式を展開しなさい。

1 $5(4a-3b)=$

2 $-2x(x+2y)=$

3 $3a(b-3c)=$

STEP 2 次の式を展開しなさい。

1 $(x-3)(y-4)=$

2 $(a-1)(a+5)=$

3 $(b-2)(b-6)=$

さすがヒロトくん！鋭(するど)いねえ～。
実は，これにはいろんな説があってね。
1つには，アルファベットの最後のほうだから，「未知なもの」という意味をふまえてつけられた，といわれているよ！

3年 乗法公式の応用

文字式の2乗ってどうやって計算するの？

今日の一問

$(-3x+4y)^2$ を展開しましょう。

前回に引き続き「展開」の問題だね！ これはできそう…？

難しい…。前の問題は数字もあったけど，今回は文字だけだし…。数の2乗ならできるけど，文字式の2乗ってどうすればいいの？

今回のポイントはそこだね！ まずは「文字式の2乗」についておさらいしよう！

ROUND 1

$$(a+b)^2=(a+b)(a+b)$$
$$=a^2+ab+ab+b^2$$
$$=\boxed{a^2+2ab+b^2}$$

☆平方の公式　ここの符号が変わるだけ！

$$(a+b)^2=a^2 \oplus 2ab+b^2$$
$$(a-b)^2=a^2 \ominus 2ab+b^2$$

あ，そうか！ **2乗って同じものを2回かけるってことだから，括弧(　)を2つ並べればいい**のか。これなら，前回やった展開の問題と似ているね！

はなまる！ そして，両方が文字になっても基本的にやることは変わらないよ！
次はちょっと発展形で，マイナスが絡んでくる文字式の計算を確認してみよう～。

ROUND 2

$$(-x+2y)^2=\{-(x-2y)\}^2$$
$$=(-1)^2(x-2y)^2$$
$$=\boxed{x^2-4xy+4y^2}$$

$(-1)^2=1$ であるから，括弧の中の符号を入れかえても2乗すれば答えは変わらない。

え，これすごい！ 括弧の中の符号を反対にしても，答えは変わらないのか！

2乗してるからね～。「5」の2乗と，「−5」の2乗が両方とも「25」になることを考えてみるとわかりやすいかも！

なるほどなぁ～。これでちょっとマイナスが扱いやすくなったかも！

その調子だね！ じゃあこれまでのことをふまえて，「今日の一問」やってみよう〜。

FINAL ROUND

$(-3x+4y)^2=(3x-4y)^2$

$=$ $9x^2-24xy+16y^2$

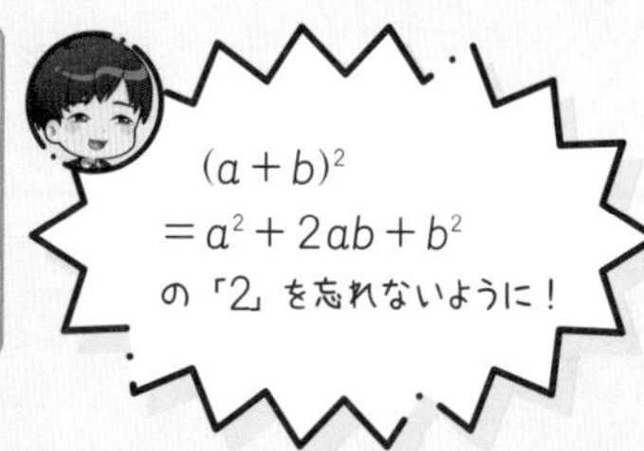

練習問題

解答解説 ▶▶ 別冊 7 ページ

STEP 1 次の式を展開しなさい。

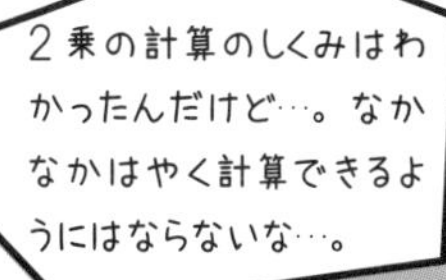

2乗の計算のしくみはわかったんだけど…。なかなかはやく計算できるようにはならないな…。

1 $(x+2y)^2=$

2 $(a-3)^2=$

3 $(3a-5b)^2=$

STEP 2 次の式を展開しなさい。

慣れないうちは，式を2つ括弧でつなげて書いて，10(p.44)の「乗法公式の基本」でやったかけ合わせのやり方で1つずつやってみよう！

1 $(-2x+y)^2=$

2 $(-2a-3)^2=$

3 $(-4a+2b)^2=$

3年 平方根とは

平方根とルートって何がちがうの？

今日の一問

9の平方根をすべて求めましょう。

先生これおかしくない？ ぼくはこの問題に「3」って答えたんだけど，バツにされたんだ！ でもさ，3の2乗は9だから，「3」で合ってるよね…？

ぼくもそのまちがいしたことある！ やっぱみんなやっちゃうよねえ～。

え，先生もあるの!? じゃあできなくて当然か～。安心した！

待て待て！ そうやって逃げたらダメだぞ？ こういうまちがいは，そもそも「平方根」の定義を理解することで防ぐことができるから，もう一度今からおさらいしてみよう！

ROUND 1

$\sqrt{4}=$ 2 ，$\sqrt{16}=$ 4

4の平方根は $\sqrt{4}$ と $-\sqrt{4}$

つまり 2 と -2

☆平方根の定義
→2乗するとその数になる数
2乗すると9になる数が，9の平方根

あ，なるほど！ そうか，マイナスは2乗したらプラスになるからか！

はなまる！ 乗法公式のところでも説明したけど，2乗する数や文字にマイナスがついても，2乗することで打ち消されるから答えは変わらないんだ！

そっか！ じゃあ3の平方根は，$\sqrt{3}$ だけじゃなくて $-\sqrt{3}$ も入るってことか！
あれ，でも「$\sqrt{\ }$」この記号も平方根，っていうよね？ いわないっけ…？

その記号の名前は平方根ではなく「**ルート**」というよ！ この「ルート」ということばは「根」を意味する「root」から来ているから，平方根と同じ意味をもつね。

さて，じゃあ今の定義をふまえて，そのまま「今日の一問」に取り組んでみよう！

FINAL ROUND

9 の平方根をすべて求めましょう。

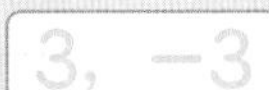

3，−3

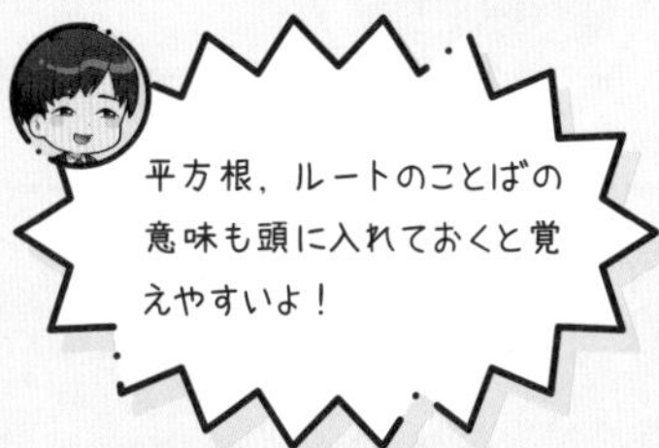

平方根，ルートのことばの意味も頭に入れておくと覚えやすいよ！

 **練習問題**

解答解説 ▶▶ 別冊 7 ページ

STEP **1** 次の数をルートを使わずに表しなさい。

1 $\sqrt{25} =$

2 $-\sqrt{49} =$

3 $\sqrt{1} =$

今ふと思ったんだけど…。
2 とか 3 の平方根ってどう表せばいいの？ 2 乗して 2 になる数ってピッタリは求められないよね…。

STEP **2** 次の問題に答えなさい。

1 64 の平方根をすべて求めなさい。

2 100 の平方根をすべて求めなさい。

3 1 の平方根をすべて求めなさい。

4 0 の平方根をすべて求めなさい。

そういうときのためにうまれた記号が「$\sqrt{}$（ルート）」だよ！
だから，計算しなくてそのまま「$\sqrt{2}$」とかで表せばいいのさ。この記号をふくむ式の計算は次のページでするよ！

3年 平方根(へいほうこん)の計算①

ルートの数の計算ってどうやるの？①

今日の一問

$-\sqrt{6}\times3\sqrt{8}\div6\sqrt{3}$ を計算しましょう。

これはむずいぞ…。ルートの数どうしのかけ算・わり算ってどうするんだっけ…。

確かにここは山場だねえ。いつものとおり，まずはかけ算・わり算の片方ずつに分解して，それぞれどうやって計算するかをおさらいしてみよう！

ROUND 1

$$2\sqrt{3}\times3\sqrt{2}=\boxed{2\times3}\sqrt{\boxed{3\times2}}$$
$$=\boxed{6\sqrt{6}}$$

①ルートの外どうし，ルートの中どうしでそれぞれかけ算する。
②ルートの中を簡単にする。

この流れわかりやすいね！ ルートだからってそんなに警戒(けいかい)しなくていいんだね。

そうだね！ ふつうの文字の計算と変わらないよ！ 1つだけ気をつけなきゃいけないのは，係数(けいすう)とルートの中の数を混ぜてかけ算してはいけないことだね。
たとえば，「$3\times\sqrt{2}$」を「$\sqrt{6}$」にはできない。当たり前に見えるけど，テストとかで時間が迫(せま)っていると焦(あせ)ってミスをしちゃうときがあるから気をつけようね。
それでは，続けてわり算のやり方もおさらいしてみよう！

ROUND 2

$$8\sqrt{6}\div4\sqrt{3}=\boxed{\frac{{}^{2}\cancel{8}\sqrt{\cancel{6}^{2}}}{{}_{1}\cancel{4}\sqrt{\cancel{3}_{1}}}}$$
$$=\boxed{2\sqrt{2}}$$

①ルートの外どうし，ルートの中どうしでそれぞれわり算する。
②ルートの中を簡単にする。

え，これやり方はかけ算と同じ，だよね…？

さすが！ かけ算の逆の計算がわり算だから，やり方が変わることはないね。

ということは…。わかったぞ。文字式の計算でやったように，かけ算とわり算をまとめて分数にして，**約分しながら計算していく**，ってことか！

はなまる！ もう言うことなしだね！ じゃあ「今日の一問」，やってみよう～。

FINAL ROUND

$$-\sqrt{6}\times3\sqrt{8}\div6\sqrt{3}=-\frac{\sqrt{6}\times3\sqrt{8}}{6\sqrt{3}}$$

$$=\boxed{-2}$$

$$\left(\begin{aligned}\sqrt{2}\times\sqrt{8}&=\sqrt{16}\\&=4\end{aligned}\right)$$

マイナスが式に出てきた場合は，まず先に符号（ふごう）を確認しよう！

練習問題

解答解説▶▶別冊 8 ページ

STEP **1** 次の計算をしなさい。

1 $\sqrt{6}\times2\sqrt{3}=$

2 $(-\sqrt{2})\times(-3\sqrt{8})=$

3 $4\sqrt{12}\div2\sqrt{3}=$

4 $3\sqrt{6}\div(-4\sqrt{2})=$

やっぱり計算大変だなぁ…。
まず符号を見て，ルートの外を見て，ルートの中を見て…。
1問にかなりの時間がかかっちゃうなぁ。

最初はそれでいいよ！
時間をかけてでも，ミスなく正解することを優先しよう。
慣れてきたら絶対にはやくなるから安心してね！

STEP **2** 次の計算をしなさい。

1 $\sqrt{2}\times(-3\sqrt{18})\div(-6\sqrt{3})=$

2 $\sqrt{15}\div2\sqrt{45}\times4\sqrt{6}=$

3年　平方根のおおよその大きさ

ルートをふくむ数の大きさってどう比べる？

今日の一問

$7\sqrt{2}$ と 10 はどちらが大きいでしょうか。

お，今回は数の大きさ比べだね！　なかなかイメージがつきにくい問題だねぇ。

そうなんだよなぁ。$\sqrt{2}$ と $\sqrt{3}$，とかならルートの中の数が大きい $\sqrt{3}$ のほうが大きいってなんとなくわかるんだけど…。$7\sqrt{2}$ の大きさとなると見当もつかないな。

$\sqrt{2}$ と $\sqrt{3}$ のときには大きさがわかったように，**お互いにルートだけの形にして大きさ比べすればいい**んだよ！

まずは $7\sqrt{2}$ のほうから，ルートだけの形になおす方法を考えていこう～。

ROUND 1

$2\sqrt{2}=\sqrt{8}$　　$3\sqrt{2}=\sqrt{18}$

$2\sqrt{5}=\sqrt{20}$　　$3\sqrt{3}=\sqrt{27}$

$4\sqrt{3}=\sqrt{48}$　　$5\sqrt{2}=\sqrt{50}$

ルートの中にある数の因数のうち，2乗のものは，ルートの外に出せる。	$\sqrt{12}=\sqrt{2^2\times3}$ $=2\sqrt{3}$
ルートの外にある数は，2乗してルートの中にかける。	$2\sqrt{3}=\sqrt{2^2\times3}$ $=\sqrt{12}$

この係数みたいなルートの前の数って，その数の何倍か，を表してたんだね！

そういうこと！　だから，「係数」というとらえ方はまちがってないよ！

じゃあ次は，大きさ比べをしやすくするために，整数をルートの形になおしてみよう！

ROUND 2

$2=\sqrt{4}$　　$3=\sqrt{9}$

$5=\sqrt{25}$　　$8=\sqrt{64}$

整数をルートの形で表す方法

→その整数を2乗して，ルートをつける。

これは平方根を求める計算の逆をすればいいだけだから，簡単だね。

はなまる！　そこまでわかってたら完璧(かんぺき)だね！
最後に，両方ルートだけの形にして比べてみよう！　あと少しでマスターだ！

FINAL ROUND

$7\sqrt{2}=\sqrt{98}$，$10=\sqrt{100}$ より

10 のほうが大きい。

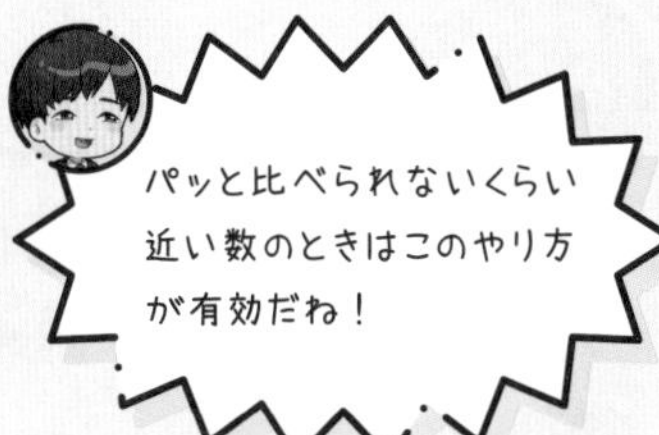

パッと比べられないくらい
近い数のときはこのやり方
が有効だね！

練習問題

解答解説▶▶別冊 8 ページ

STEP 1 次の数をルート（$\sqrt{}$）だけの形で表しなさい。

1 $2\sqrt{6}=$

2 $4\sqrt{5}=$

3 $5\sqrt{3}=$

このやり方，確かに便利だし
個人的にはちょっと楽しいな。
でも，√2 とかの大きさ自体
がわかればもっと楽に比べら
れるのかな…？

STEP 2 次の数の中でいちばん大きいものを答えなさい。

1 $3\sqrt{2}$，4

2 $2\sqrt{6}$，5，$3\sqrt{3}$

3 7，$5\sqrt{2}$，$4\sqrt{3}$

4 $4\sqrt{5}$，9，$5\sqrt{3}$

お！すごくいいことに気づいたねえ〜。
さすがヒロトくん！
ルートの数の大きさがどのくらいかは，
次のページで説明するから楽しみにし
ておいてね！

$\sqrt{2}$, $\sqrt{3}$ っていくつなの？

$\sqrt{2}$ の値を，小数第 3 位まで調べてみよう！

小数第 3 位…!? どうしよう，どうやって求めればいいんだ…。

そうだねえ，まずはある程度の予想をしていくことが大事だよね。
たとえば，$\sqrt{2}$ は明らかに 1 よりは大きいよね？

うんうん。それで，2 は $\sqrt{4}$ だから，2 よりは小さいはず。

そうそう！ つまり，1.3…，1.4，…のような「1.」から始まる数になるよね。

じゃあ次は，小数第 1 位が何になるか考えていく，ってことか！「1.4」の 2 乗が「1.96」，「1.5」の 2 乗が「2.25」だから，小数第 1 位は「4」で合ってる？

はなまる！ え，すごいじゃん！ めちゃくちゃ計算はやいね！ その調子だよ～。

それはうれしいけど，もう限界だよ！ これを小数第 3 位までは本当に大変だ…。

そうなんだよね。だからルートの値は語呂合わせで覚える人が多いんだ。
ちょっと下の表を見てごらん？

TIPS　ハイレベル

$\sqrt{2} = 1.41421356\cdots$

$\sqrt{3} = 1.7320508\cdots$

$\sqrt{5} = 2.2360679\cdots$

ルートの語呂合わせ

$\sqrt{2}$	一夜一夜に人見頃（1. 4 1 4 2 1 3 56）
$\sqrt{3}$	人並みにおごれや（1. 7 3 2 0 5 0 8）
$\sqrt{5}$	富士山麓オウム鳴く（2. 2 3 6 0 6 7 9）

え，これすごい！ こういう語呂合わせがあれば，桁数が多くても覚えられそう！

いいよね！ 個人的には「富士山麓オウム鳴く」の語呂が好きなんだよね。

でもちょっと思ったのが，「一夜一夜に人見頃」ってなんかよくわかんないな。
なんか他にいい覚え方ないかなぁ…。「いよいよ兄さんがゴロゴロしてる」とかどう？
「いよいよ」が「1.414」，「兄さん」が「213」，ゴロゴロで「56」みたいな！

え，それめっちゃいいじゃん！ そうやって自分で語呂合わせをつくると覚えやすくなることがあるから，他の数でもぜひやってみよう！

Q&A 04

1日のうちで効率のよい勉強時間帯はいつ？

こーさく先生，勉強がはかどる時間帯っていつ？

基本的には朝型がいいって言われているけど，人によって集中できる時間帯はちがうと思うよ。

そうだよね。朝型を試したことがあるけど，ぼくは眠（ねむ）くて集中できなかったな。

ヒロトくんには朝型が合わなかったのかもしれないね。休日を使って，１日のいろんな時間帯に勉強するのを一通り試してみたら？
早朝が難しかったら無理する必要はないし，平日でも夕食前がいいか，夕食後がいいか，まずは試してみよう。自分にとって集中しやすい時間帯が見つかるはずだよ。

わかった！ 夕食後も眠くなるから，今度，夕食前に勉強してみるよ。

COMMENTS

受験や勉強だけじゃなくて，何をするにも大切なこととして，「自分を知る」ってことがあるんだ。だからこういう問題も，自分の特徴（とくちょう）を知って，それに合うように対処すればいいんじゃないかな。

3年　平方根(へいほうこん)の計算②

ルートの数の計算ってどうやるの？②

今日の一問

$2\sqrt{8}+4\sqrt{2}-\sqrt{18}$ を計算しましょう。

ついにルートの数どうしのたし算・ひき算だねえ，どんどんやっていこう！

どんどんやっていきたい！ んだけど…。$\sqrt{\ }$（ルート）の中がちがう数どうしをたしたりひいたりするのって，どうすればできるんだったっけ？

そこ，難しいポイントだよね。じゃあまずはおさらいとして，ルートの数のたし算・ひき算の鉄則を見てみよう！

ROUND 1

$\sqrt{3}+\sqrt{7}=$ $\boxed{\sqrt{3}+\sqrt{7}}$ そのまま！

$2\sqrt{2}+3\sqrt{2}=$ $\boxed{5\sqrt{2}}$

$\sqrt{3}-3\sqrt{3}=$ $\boxed{-2\sqrt{3}}$

☆ルートの中の数が
ちがうものどうし：まとめられない
同じものどうし　：文字式のようにまとめる

なるほどね！ 文字式のように計算するって考えるとすごくやりやすいかも。
…でも，あれ？ じゃあこの問題って，全部ルートの中の数がちがうから，計算できなくない？

そう思っちゃうよね！ でも実は，$\sqrt{8}$ と $\sqrt{2}$ は「ルートの中の数がちがうもの」という扱(あつか)いではないんだ。その理由を今から見てみよう！

ROUND 2

$\sqrt{12}=2\sqrt{\boxed{3}}$，　$\sqrt{20}=2\sqrt{\boxed{5}}$

$\sqrt{45}=3\sqrt{\boxed{5}}$，　$\sqrt{32}=4\sqrt{\boxed{2}}$

ルートの中の数はできる限り小さくする。
（2乗(じょう)は外に出す）

ほんとだ！ これは前回やった「$7\sqrt{2}$ を $\sqrt{98}$ になおす」ことの逆をやればいいんだね！ だから $\sqrt{8}$ と $\sqrt{2}$ はまとめて計算できるんだ。
え，てことはもしかして $\sqrt{18}$ も…？

勘(かん)が鋭(するど)いねえ。ここまで来たらもういけるね！「今日の一問」をやってみよう！

FINAL ROUND

$2\sqrt{8}+4\sqrt{2}-\sqrt{18}=4\sqrt{2}+4\sqrt{2}-3\sqrt{2}$

$\begin{cases} 8 = 2^2 \times 2 \\ 18 = 3^2 \times 2 \end{cases}$ $= 5\sqrt{2}$

ルートの中を簡単にすると
まとめられることがあるよ！

練習問題

解答解説▶▶別冊 9 ページ

STEP 1 次のルートの中の数字をできる限り小さくしなさい。

1 $\sqrt{72}=$

2 $\sqrt{75}=$

3 $\sqrt{96}=$

なんかこの計算，パズルみたいで面白いね！ 大きな数の中に，何かの２乗が隠(かく)されてないかなって探すの結構楽しい～。

STEP 2 次の計算をしなさい。

1 $-\sqrt{3}+\sqrt{27}=$

2 $\sqrt{32}+\sqrt{8}-\sqrt{50}=$

3 $-\sqrt{20}+\sqrt{45}-\sqrt{5}=$

4 $2\sqrt{24}+3\sqrt{6}-4\sqrt{54}=$

めちゃくちゃいいことだね！
√ の中の数を小さくすることを，「簡単にする」とよくいうんだ。これを習得すると前のかけ算・わり算にも役立つよ！

3年 分母の有理化

有理化ってなんでしなきゃいけないの？

今日の一問

$\dfrac{9}{2\sqrt{3}}$ の分母を有理化しましょう。

今日は分母の有理化の問題だね！ これは割と基本的な問題なんじゃない？

基礎問題！ でも，そもそも分母の有理化ってどういうことかイマイチわかってなくて…。

分母の有理化はすごく大事な内容だから，まずそのルールからおさらいしよう！

ROUND 1

$\dfrac{1}{\sqrt{3}} = \boxed{\dfrac{\sqrt{3}}{3}}$，$\dfrac{2}{\sqrt{5}} = \boxed{\dfrac{2\sqrt{5}}{5}}$

$\dfrac{3}{\sqrt{2}} = \boxed{\dfrac{3\sqrt{2}}{2}}$，$\dfrac{4}{\sqrt{7}} = \boxed{\dfrac{4\sqrt{7}}{7}}$

☆分母の有理化とは

分母と分子に同じものをかけ算して，分母にルート（$\sqrt{\ }$）がない形にすること。

分母に $\sqrt{a}$ があるとき，分母と分子に $\sqrt{a}$ をかける。

そうだそうだ思い出した！ 分母のルートをなくすんだったね。
でもさ，こーさく先生？ なんでこんなことしなきゃいけないの？ 同じ数なんだから，そのままでも答えは合ってるよね…？

ヒロトくんは本当に毎回鋭いよねえ。そうだね，実は分母の有理化は「しなきゃいけない」ものではないんだ。でも，答えを出すときに基本的には**分母にルートがないほうが望ましい**とされているよ。その理由を今から説明するね！

ROUND 2

$\sqrt{2} = 1.4$ とするとき，
それぞれ小数第2位まで答えましょう。

$\dfrac{1}{\sqrt{2}} = \boxed{0.71}$，$\dfrac{\sqrt{2}}{2} = \boxed{0.70}$

☆なぜ分母の有理化をするのか

分母にルートがあるより，ないほうが数の大きさがわかりやすいから。

確かに分母が整数のほうが，おおよその数の大きさはわかりやすいね！

そうだね！ ちょっとめんどくさいけど，採点する人への親切心だと思って(笑)。
ルールがわかれば意外と簡単にできるから，数をこなして分母の有理化に慣れていこう！

FINAL ROUND

$$\frac{9}{2\sqrt{3}} = \frac{9\times\sqrt{3}}{2\sqrt{3}\times\sqrt{3}}$$

（分子 → $9\sqrt{3}$ 分母 → 6）

$$= \frac{3\sqrt{3}}{2}$$

分母が $x\sqrt{y}$ の形のときは，$\sqrt{y}$ だけかけ算してあげるとスムーズに分母の有理化ができるよ！

練習問題

解答解説▶▶別冊 9 ページ

STEP 1 次の数の分母を有理化しなさい。

1 $\frac{5}{\sqrt{2}}=$

2 $\frac{1}{\sqrt{6}}=$

3 $\frac{7}{\sqrt{10}}=$

STEP 2 次の数の分母を有理化しなさい。

1 $\frac{4}{\sqrt{6}}=$

2 $\frac{8}{2\sqrt{2}}=$

3 $\frac{21}{4\sqrt{7}}=$

4 $\frac{10}{3\sqrt{5}}=$

分母の有理化，結構慣れてきたよ！でもふと思ったんだけど，この「分母のルートをはずす作業」をなんで「分母の有理化」っていうの？

やっぱヒロトくんは質問するところのセンスがあるよねえ。
「有理化」は「有理数(ゆうりすう)にする」という意味だよ！ これについては，次のページで説明するね！

有理数と無理数ってどう見分けるの？

$\dfrac{\sqrt{2}}{4}$ って，有理数か無理数か，どっち？

出たあ！ 本当にこれ見分けるの苦手!! 学校のテストでも出たんだけど，どれが有理数で，どれが無理数か全然わからなくて…。この「$\dfrac{\sqrt{2}}{4}$」はなんとなく無理数な気がするけど，でも授業で，「分数で表すことができる数が有理数」って聞いた気もするしなぁ…。

お！ ちゃんと覚えてるじゃん！ それがまさに「有理数の定義」だよ！
ただ，正確に言うと，0 以外の整数どうしの分数で表すことができる数だから，今回の「$\dfrac{\sqrt{2}}{4}$」は無理数だね。基本的に，$\sqrt{}$ が残っている数は無理数ととらえるといいよ！

そっかそっか！ じゃあ有理数かどうかは，分数になおせるかで考えればいいね。

はなまる！ せっかくだから，ここで数の分類をおさらいしてみよう～。

TIPS

・有理数…2 つの整数 x，y で（ただし $y \neq 0$）$\dfrac{x}{y}$ と表せる実数のこと

例：3，−2，$\dfrac{5}{4}$，$-\dfrac{1}{3}$ など

・無理数…2 つの整数 x，y で（ただし $y \neq 0$）$\dfrac{x}{y}$ と表せない実数のこと

例：$\sqrt{2}$，$\sqrt{5}$，$-\sqrt{7}$，π（円周率）

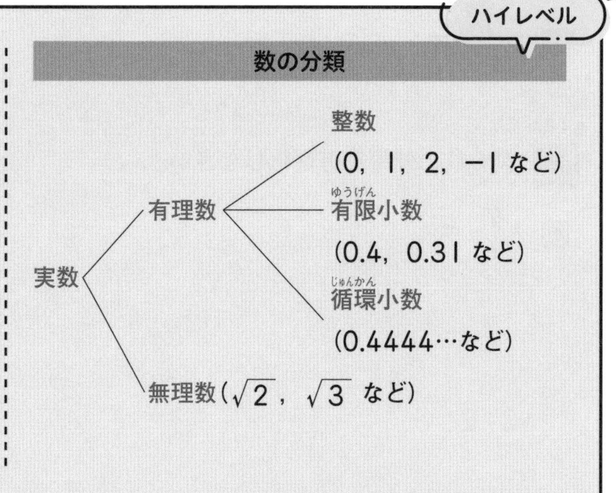

「0.33333…」とかも有理数なのか！ …あ，でもそっか，分数で表せるもんね。

そういうこと！ 一見無理数に見えるけど，循環している小数は有理数だよ！

この表めちゃくちゃ助かる！ 有理数・無理数がいっきにわかったよ～。

みんなも数の分類でわからなくなったらこのページに戻ってこよう！

Q&A 05 食事で気をつけたほうがいいことは？

ヒロト

こーさく先生，家で勉強していると，ついついおやつや飲みものをとっちゃうんだよね。これってよくないのかな？

こーさく先生

ヒロトくん，これは受験期に限ったことじゃないけど，夜のおそい時間におやつや夜食を食べるのは，消化に悪いし，体調をくずすことがあるのでやめたほうがいいと思うよ。

たしかに，次の日しんどいときあるよね。受験の前日の食べものにも注意したほうがいいのかな？

受験前日は，規則正しい時間にいつもどおりの食事をするのが，いちばんいいよ。ゲンをかついでトンカツを用意してくれる家があるけど，食べ慣れていないなら，やめたほうがいい。メニューがなんであっても，食べすぎには注意しよう。次の日のパフォーマンスが下がるからね。

気をつけるよ！

COMMENTS

くめはら先生

個人的意見としては，消化にいいものや，チョコレートなんかも，少量だったら，夜食としてアリかな！ それと胃腸の弱い人は，受験前日のトンカツは気をつけてね(笑)!!

Q&A 06 志望校はどうやって決めたらいいの？

ナナミ：こーさく先生，私，この高校に行きたいっていうのが，とくにないんだよね。

こーさく先生：通える範囲(はんい)の学校について，ホームページで場所や校風を調べたり，実際に学校へ行ったりして考えてみるといいかも！
ナナミさんはバスケ部だよね？ 高校でも続けたいんじゃない？

ナナミ：うん。できれば続けたいって思ってるんだ。

こーさく先生：だったら，バスケ部があるかどうか，強豪校(きょうごうこう)かどうかもチェックしてみよう。
ホームページで授業のカリキュラムや行事について調べられる学校もあるよ。そういうのを見ながら，部活以外でもどんな高校生活を送りたいか，イメージしてみるといいと思うよ。

ナナミ：さっそく調べてみる！

COMMENTS

すばる先生

志望校はどれだけワクワクするイメージをもてるか，つまり「想像力」が大事だと思う。だれかから情報を聞いて終わるよりも，積極的に自分で調べたり，余裕(よゆう)があれば文化祭や行事などを体験したりして，自分の理想にいちばん近いところを目指してみよう！

2章 方程式

この章では，中学数学の中でもとても大事になる「方程式」を学ぶよ！ 実はこの「方程式」は，お金の計算をはじめとしたいろんな日常の場面で使われている優れものなんだ。ここでその基礎をきちんと理解して，より難しい問題を考える準備をしよう！

KOSAKU

方程式なぁ〜。名前を聞くだけで，どうしても難しそうって思っちゃう…。
でも，すごく大事な章みたいだよね。一緒にがんばっていこう！

1年 移項(いこう)とは

左辺から右辺に項を移すとどうなるの？

今日の一問

$3x+4=10$ のとき，x はいくつか求めましょう。

お，これは方程式(ほうていしき)の問題だね。この問題はどこでつまずいちゃったのかな？

授業で習ったときに，「移項するときは符号(ふごう)を変える」と教わったんだけど，それがよくわからなくて…。まず，「移項」ってのは方程式において，ある項を，「=」の左側から右側へ，または右側から左側へ移す，ってことで合ってる？

移項については合ってるよ！ そして，「符号を変える」のも正解なんだけど，実はそれにはちゃんと理由があるんだ。今からそれを説明するね！

ROUND 1

等式の性質

① $A=B$ ならば $A+C=B+C$ である →両辺に同じ数をたしてもよい

② $A=B$ ならば $A-C=B-C$ である →両辺から同じ数をひいてもよい

③ $A=B$ ならば $AC=BC$ である →両辺に同じ数をかけてもよい

④ $A=B$ ならば $\frac{A}{C}=\frac{B}{C}$ $(C \neq 0)$ である →両辺を 0 でない同じ数でわってもよい

そういうことか！ 移り変わってるんじゃなくて，**両辺に同じものをたしたりひいたりした結果，符号が変わったように見える**，ってことだね！

はなまる！ この「等式の性質」の 4 つをマスターすると，基本的な方程式は解けるようになるよ！ まずは一問，一緒(いっしょ)に練習してみよう！

ROUND 2

$2x-3=1$

$2x-3+\boxed{3}=1+\boxed{3}$ ←等式の性質①を利用

$2x=\boxed{4}$

$x=\boxed{2}$ ←等式の性質④を利用

よし，もうできそうだね！ そのまま「今日の一問」，やってみよう～。

FINAL ROUND

$$3x+4=10$$
$$3x+4-\boxed{4}=10-\boxed{4}$$
$$3x=\boxed{6}$$
$$x=\boxed{2}$$

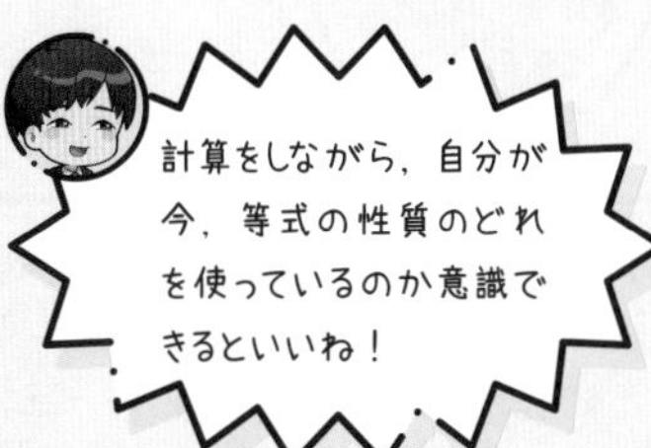

計算をしながら，自分が今，等式の性質のどれを使っているのか意識できるといいね！

練習問題

解答解説▶▶別冊 10 ページ

STEP 1 次の式から，x の値を求めなさい。

1 $x+4=6$

$x=$ ＿＿＿＿＿＿

2 $x-3=5$

$x=$ ＿＿＿＿＿＿

3 $2+x=8$

$x=$ ＿＿＿＿＿＿

このくらいの式の簡単さなら，なんとか x の値（あたい）を求められそう！でも，もっと難しいのもどうせあるんだよね…？

STEP 2 次の式から，x の値を求めなさい。

1 $2x-7=3$

$x=$ ＿＿＿＿＿＿

2 $4x+9=25$

$x=$ ＿＿＿＿＿＿

3 $-3x-6=0$

$x=$ ＿＿＿＿＿＿

まぁ，あるかないかで言ったらそりゃあるよね(笑)。
でも，等式の性質を使って１つずつ確実にやればできるよ！
次ページでも特訓しよう！

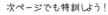

1年 方程式(ほうていしき)を解く

方程式ってどうやって解くの？

今日の一問

方程式 $0.2x-0.4=0.5x+2$ を解きましょう。

ほら～，やっぱ難しい式になっちゃったじゃん…。しかも，「解きましょう」ってなんだろう？ ふつうに x の値(あたい)を求めればいいの？

いいところに気づいたね！ ここで初めて「方程式を解く」ということばが出てきたから，これについてまず説明しよう！

ROUND 1

「x についての方程式を解く」とは方程式を成立させる [x の値] を求めること。

☆等式の性質（p.64）

$A=B$ ならば

① $A+C=B+C$　② $A-C=B-C$

③ $AC=BC$　④ $\dfrac{A}{C}=\dfrac{B}{C}$ $(C \neq 0)$

を用いて，式を変形し，「x ＝ 数字」の形にする！

なーんだ。じゃあ結局この式を整理して，x の値を出せばいいってことだね？

はなまる！ ただ，前回の問題とちがって今回は小数が出てきたり，左辺にも右辺にも x が出てきたりしているから，等式の性質の 4 つをフルに使って**式を「x ＝○○」の形に変化させていく**必要があるよ！ まずは一問，一緒(いっしょ)にやってみよう！

ROUND 2

$0.7x-0.4=0.3x+1.2$

$7x-4=3x+12$　←等式の性質③（両辺を ×10）

$7x-$ [3] $x=12+$ [4]　←等式の性質①②（両辺に $-3x$，$+4$）

[4] $x=$ [16]

$x=$ [4]　←等式の性質④（両辺を ÷4）

そうか！ 係数(けいすう)に小数が出てきても，両辺ともに 10 倍すれば整数になおせるのか！

そうそう！ 係数が分数でも，分母を両辺にかければ同じように整数になおせるよ。

それじゃあ，ここまでのことをふまえて「今日の一問」に取り組んでみよう～。

FINAL ROUND

$$0.2x-0.4=0.5x+2$$
$$2x-4=5x+20$$
$$2x-\boxed{5}\,x=20+\boxed{4}$$
$$\boxed{-3}\,x=\boxed{24}$$
$$x=\boxed{-8}$$

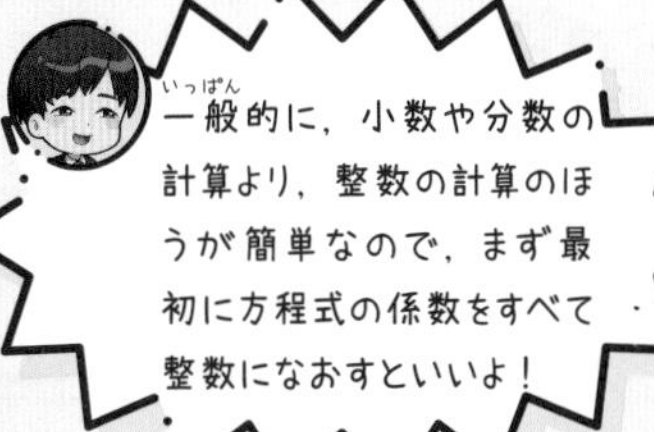

一般的に，小数や分数の計算より，整数の計算のほうが簡単なので，まず最初に方程式の係数をすべて整数になおすといいよ！

 練習問題

解答解説 ▶▶ 別冊 10 ページ

STEP 1 次の方程式を解きなさい。

1 $0.3x+0.8=0.6x-1.3$

$x=$ ＿＿＿＿

分数がいっぱい出てきたときは，その分数を通分してから，分母をかければいいんだよね？

2 $-\frac{1}{2}x+3=\frac{2}{3}x-\frac{1}{2}$

$x=$ ＿＿＿＿

STEP 2 次の方程式を解きなさい。

1 $-0.9a+1.7=-0.7a+2.3$

そうだね！ 最初はそうやって確実に計算を進めていって，慣れてきたら分母の最小公倍数を求めて一発で分母をはらうようにするといいよ！

$a=$ ＿＿＿＿

2  $\frac{3}{4}y-\frac{5}{6}=-\frac{1}{2}y+\frac{2}{3}$

$y=$ ＿＿＿＿

方程式ってどういう式？

$a(b+2)=ab+2a$ って，方程式？ 恒等式？ どっち？

今日は２択のクイズです！ さて，どっちかわかるかな…？

え！ これどういう意味…？「恒等式」って，もはや読み方すらわかんないんだけど…。

「方程式」はついこの間やったからわかるけど，この，「ひとうしき」？ かな？ こっちが全然わかんない！

ナナミさん惜しい！ 読み方は「こうとうしき」だよ。これは高校生で習う考え方だから，今はわからなくて大丈夫！ でも今日これを説明するのには理由があってね…？
実は，「恒等式」と比べることで，「方程式」がどういう式なのかわかりやすくなるんだ！

え，高校生の範囲!?!? 先生，まだ私中学１年生だよ…？

まぁまぁ落ち着いて(笑)。恒等式に関しては，本当に軽くしか紹介しないから！ ちょっとこれを見てごらん？ これで方程式と恒等式のちがいがわかるはず！

TIPS ハイレベル

☆方程式：① $3x-4=5$
☆恒等式：② $3(x+2)=3x+6$

方程式
→文字が特定の値のときのみ成立する等式
（①の場合は「$x=3$」のとき）
恒等式
→文字にどの値が入っても成立する等式

ちょっと待って…？ ②って当たり前じゃない？ これを恒等式っていうの？

そう！ いいことに気づいたね。「恒等式」ということばは「恒(つね)に等しい式」という意味だから，x の値がどんなものでも確実に成立するんだ！

じゃあ，「方程式を解く」とはいうけど，「恒等式を解く」とはいわないってこと？

はなまる！ ちゃんと理解できたね！ じゃあクイズの答えはもうわかったね…？

「$a(b+2)=ab+2a$」は恒に成立するから，恒等式!!

正解！ これを頭の片隅に置きながら，じゃんじゃん方程式を解いていこう～。

Q&A 07 勉強の環境をどんなふうに整える？

メイ

こーさく先生，家で勉強するときって気が散っちゃうんだけど，どうしたらいい？

こーさく先生

メイさんは自分の部屋で勉強するのかな？
だったら，自分の部屋や机の周りなどに，よけいなものを一切置かないほうがいいね。
参考書や問題集など，勉強に必要なものだけをそろえておく。

でも，自分の部屋だとほかにもいろいろなものがあるよ。

ゲームやマンガなど，誘惑されそうなものからはできるだけ距離をおいたほうがいい。
一時的に隠すとか，ほかの部屋へ移動するとか。
自分の部屋に限らず，誘惑されそうなものがない部屋で勉強するのもいいかもね。

そっか。誘惑の少ない和室で勉強してみようかな。

COMMENTS

いっせー先生

こーさく先生らしい，合理的な解決策だな。あとはスマホなどを机の上に置いておかないことも，挙げられるだろうね。スマホがあると，スマホをいじっていなくても，「連絡来ないかな」みたいな感じで，集中力がそがれちゃうからね。

1年 1次方程式と文章題

方程式ってどうやってつくるの？

今日の一問

24個のアメをメイさんとナナミさんで分けたところ，もらったアメの個数はメイさんのほうがナナミさんよりも4個多くなりました。ナナミさんのもらったアメは何個でしょうか？

お！ 私たちが問題に登場してる！ うれしい！ うれしい，けど…。どこからどうやって解けばいいのか全然わかんない…。

だいぶ困ってそうだねえ。確かに，ここにきて初めての「文章題」だもんね。まずは，文章題を解くときのポイントを紹介（しょうかい）するね！

ROUND 1

「クラスの人数は何人でしょうか？」のときは，

→ クラスの人数 を x 人とおく。

☆文章題を解くポイント

求めたいものを文字でおく！

ふむふむ…。求めたいものを文字でおく，かぁ。じゃあこの問題だったら，ナナミちゃんがもらったアメの個数を x 個とおく，とか，そんな感じ？

いいじゃん！ それで合ってるよ。そうすると，メイさんがもらえるアメの数はいくつになる…？

えっと，えっと…。私のほうが4個多いんだから，「$(x+4)$ 個」になる，で合ってる？

正解！ もう解けちゃいそうだね。じゃあこの問題，最後まで解いちゃおう！

お！ できたできた，ナナミちゃんが10個で，私が14個だ！

はなまる！ なんだけど…。メイさん，早いうちに逃（に）げたほうがいいかも…？

メ～イ～～?? 私より4個も多くアメをもらうなんて，いい度胸だねえ～？

ナナミちゃんちがうの！ これはあくまで数学の問題で…！ って，ちがうんだって～！

メイさんの答えは正しいのかな？ 問題をおさらいしてみよう！

FINAL ROUND

ナナミさんのもらったアメを x 個とおくと，

$x+(x+4)=24$

2 $x=$ 20

$x=$ 10　　　答え 10 個

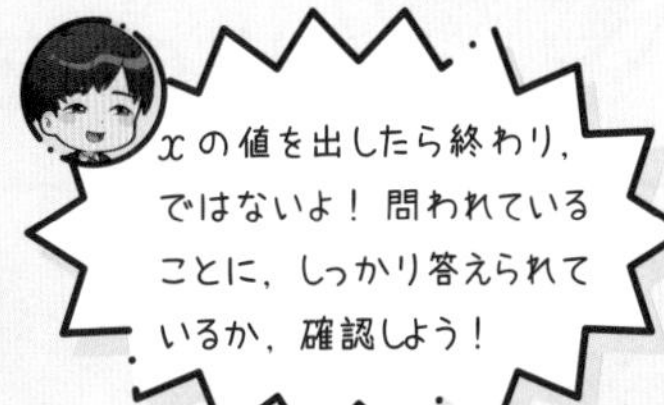

x の値を出したら終わり，
ではないよ！ 問われている
ことに，しっかり答えられて
いるか，確認しよう！

練習問題

解答解説 ▶▶ 別冊 11 ページ

STEP 1 次の文章題を解きなさい。

1 長さ 40 cm のひもを，ある場所で切って 2 本に分けたところ，長いほうのひもは短いほうに比べて 6 cm 長かった。このとき，短いほうのひもの長さは何 cm か求めなさい。

これ，気づいちゃったよ！
問題文が長くても，まず最後を
読んで求めるものが何かを見て，
それを文字でおけばいいんだ！

STEP 2 次の文章題を解きなさい。

1 袋（ふくろ）にたくさんのアメが入っている。このアメを，クラス全員に 3 個ずつ配ると 9 個余り，4 個ずつ配ると 5 個足りなかった。このとき，クラスの人数は何人か求めなさい。

おお～，さすが！ いいところに気づ
いたねえ。
まず求めるものがわかると，何をす
ればいいかがわかりやすくなるよ！
ぜひやってみよう。

1年 比とその値(あたい)

比の値ってなんだろう？

今日の一問

3：5 の比の値を求めましょう。

え，この問題って何すればいいの…？ この，「3：5」の「：」ってどういう記号？

これは「比」を表す記号だよ！「比」ってわかるかな…？

比，比…。比べる，って読むよね？ ってことは数どうしを比べるのかなぁ。

そう！ さすが鋭(するど)いねえ。この「3：5」という書き方で，「3」と「5」の２つの数の関係を表してるんだよ！ 読み方は，「3 対 5」と読むんだ。

あ，その読み方は聞いたことあるかも！ なんかお母さんが，「めんつゆとお水を１対２で混ぜる」とかちょうど今日言ってた！

あ，まさにそれそれ！ そのお母さんの話だと，「比」を使ってめんつゆとお水の量の関係を表しているね。
こんな感じで，比は日常生活でもよく使われるから，これを機にしっかり覚えちゃおう！

ROUND 1

比とは２つの数の 割合 を表したもの。
(4：5 など)

比は「a：b」と表され，
「a 対 b」と読まれる。

「比」についてはなんとなくわかった！ でも，求めるのは「比の値」よね…？

そうだね。でもこれも実はめっちゃくちゃ簡単なんだ！ 次のまとめを見てごらん？

ROUND 2

比 2：3 の比の値は  $\frac{2}{3}$

比 3：4 の比の値は  $\frac{3}{4}$

☆比の値は「：」に横棒を一本たすだけ！
2：5 なら 2÷5 で「$\frac{2}{5}$」！

え，わり算するだけなの？ ちょっと簡単すぎない…？

そうそう！ でも意外とテストでも問われるから，ここでマスターしちゃえばお得だよ！ このままの勢いで，「今日の一問」，いってみよう〜。

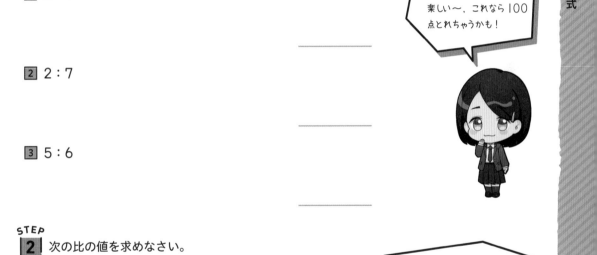

FINAL ROUND

3：5 の比の値は

$3 \div 5 = \frac{3}{5}$

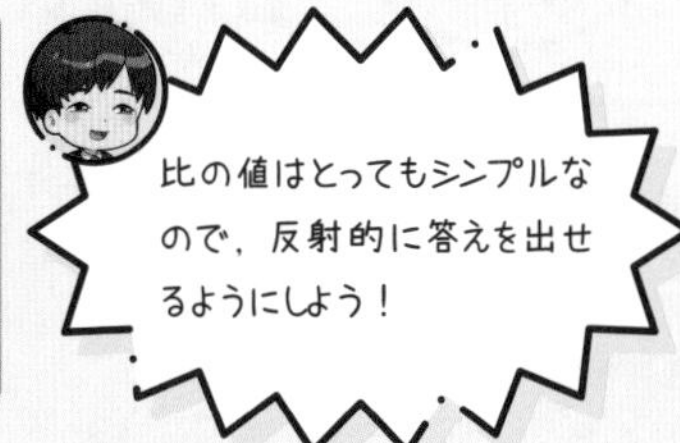

比の値はとってもシンプルなので，反射的に答えを出せるようにしよう！

練習問題

解答解説 ▶▶ 別冊 11 ページ

STEP 1 次の比の値を求めなさい。

1 3：4

2 2：7

3 5：6

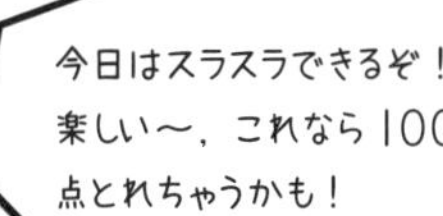

今日はスラスラできるぞ！楽しい〜，これなら100点とれちゃうかも！

STEP 2 次の比の値を求めなさい。

1 1：7

2 9：3

3 5：1

いいね〜。ノリノリだねえ。
ここで「比」の基本をおさえて，次の「比例式」にいかさないとだよ！ 次のページも張り切っていこう！

1年　比例式を解く

比例式ってどうやって解くの？

今日の一問

比例式 $x:6=(x-2):2$ を解きましょう。

ぎゃー！ せっかく余裕でできると思ってた比の問題が，急にめちゃむずそうになった…。そもそも比例式って何…？「=」でつながってるけど，どうやって解けばいいの？

まぁまぁ落ち着いて！ 1個ずつ考えてみよう。まず，「=」でつながっているということは，「比の値」が等しい，ということだよ！ たとえば，前回めんつゆの例を出したけど，めんつゆ 10 mL にお水を 20 mL 混ぜた場合も，めんつゆ 100 mL にお水を 200 mL 混ぜた場合も，めんつゆとお水の量の比は 1：2 になるよね？ こういう関係を「=」で結んでるんだ！

なるほど…？ 確かに，常にめんつゆに対して 2 倍の量の水を混ぜれば味は一緒になるはずだもんね。数の比が式で表されているってことか！

はなまる！ 少しずつわかってきたみたいだね。ちょっとおさらいしてみよう！

ROUND 1

$2:3=4:\boxed{6}=6:\boxed{9}$

すべての比の値は $\boxed{\dfrac{2}{3}}$

$a:b=ac:bc$

それぞれの数が 2 倍，3 倍，…，あるいは $\dfrac{1}{2}$，$\dfrac{1}{3}$，…になっても比の値は等しい。

比例式に関してはわかったけど，x が入ってきちゃうと見当がつかないなぁ。

そういうときは比の値を用いて方程式にしちゃうんだよ！ これを見てごらん？

ROUND 2

$a:b=c:d$

$\dfrac{a}{b}=\dfrac{c}{d}$

両辺を bd 倍すると

$\boxed{ad}=\boxed{bc}$

☆比例式の公式

外側

$a:b=c:d$

内側

外側の積 ad と内側の積 bc が等しくなる！

え，これすごいね。「外側どうし，内側どうしでかけ算」って覚えると，公式も忘れなさそう！

その調子だね！ じゃあ忘れないうちに「今日の一問」を解き切っちゃおう！

FINAL ROUND

$x:6=(x-2):2$

$2x=6(x-2)$ （外側の項の積＝内側の項の積）

$2x=6x-12$

4 $x=$ 12

$x=$ 3

ここでも方程式のところで学んだ「等式の性質」が重要になるよ！ p.64～67 で復習してみよう！

練習問題

解答解説▶▶別冊 12 ページ

STEP **1** 次の比例式を解きなさい。

1 $2:5=x:10$

$x=$

2 $3:x=9:15$

$x=$

3 $x:1=10:5$

$x=$

x が片方にしかない問題はすらすら解けるぞ！ でも，両辺に x が出てくるとなかなか難しいね…。

STEP **2** 次の比例式を解きなさい。

1 $4:x=3:(x-3)$

$x=$

2 $2x:5=(3x-1):7$

$x=$

そうだねえ，計算がその分複雑になるからね。最初は焦（あせ）らずにゆっくり解き進めていこう！ 内側どうし，外側どうしをかけ算するというコツを忘れずに！

2年 連立方程式の解き方①

連立方程式ってどういう式のこと？

今日の一問

$$\begin{cases} 3x+y=10 \\ x-2y=-6 \end{cases}$$ を解きましょう。

これどうやって解くんだっけ？ x と y の値を求めるってのはわかるんだけど…。

これは「連立方程式」だね！ とりあえず，どういう式なのかを見てみようか。

ROUND 1

「連立方程式」とは
→２つ以上の方程式を組み合わせたもの

$$\begin{cases} a+b=5 \rightarrow (a,\ b)=(1,\ 4),\ (2,\ 3),\ (3,\ 2),\ (4,\ 1)\cdots \\ a+2b=7 \rightarrow (a,\ b)=(1,\ 3),\ (3,\ 2),\ (5,\ 1)\cdots \end{cases}$$

２つともの式を満たす $(a,\ b)$ が「連立方程式の解」になる！

そっか，だから「連立」なのね！ でもさ，なんで式が２つあるの？ これまでの方程式は，「$2x-3=7$」みたいな感じで，式は１つだったよね。

いい質問だね！ それの答えは，**連立方程式は式が１つだと答えを求めることができない**からだよ。たとえば「$x+y=6$」のとき，x，y はそれぞれいくつになる？

えっと…。$x=1$ のときは $y=5$ で，あれ，でも $x=2$ なら $y=4$ になるか。$x=0$ でも…。$y=6$ になって成立する。そっか！ これじゃあ解がたくさん出てきちゃうのか！

そういうこと！ だからもう１つの式と合わせて考えて，解を絞り込むの！
よしじゃあ，連立方程式についてわかってもらえたところで，一緒に一問解いてみよう！

ROUND 2

$$\begin{cases} 2x+y=5 \quad \text{—①} \\ x+y=3 \quad \text{—②} \end{cases}$$ 式に番号をつける

$-)$
$x \quad =2$ 式どうしをひき算する

$2+y=3$ 式②に $x=2$ を代入する

$y=$ 1

解 $x=$ 2 ，$y=$ 1

☆式どうしのたし算・ひき算のやり方

$a+3b=8$
$-)\ a+\ b=6$
$2b=2$

式どうしを縦に並べ，左から順番に計算する。「筆算」と同じ！

そうか…！「式どうしをひき算する」，なんてことができるんだったね！

そう！ こうやって**式をたしひきして連立方程式を解く解き方を「加減法」**というよ！ 式の両辺を何倍かしてからたしひきすることもできるんだ。

この「加減法」を使って，「今日の一問」，自分で解いてみよう～。

FINAL ROUND

連立方程式 $\begin{cases} 3x+y=10 & —① \\ x-2y=-6 & —② \end{cases}$

①×2　$6x+2y=20$ —③

②＋③　$\boxed{7}\,x=\boxed{14}$

$x=\boxed{2}$

①に代入して　$y=\boxed{4}$

$x=\boxed{2}$，$y=\boxed{4}$

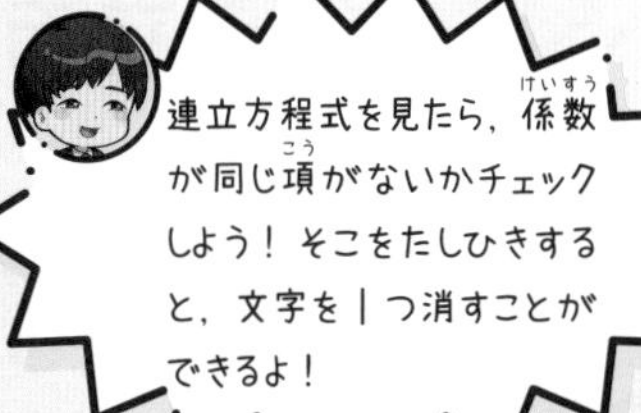

連立方程式を見たら，係数が同じ項がないかチェックしよう！ そこをたしひきすると，文字を１つ消すことができるよ！

練習問題

解答解説▶▶別冊 12 ページ

STEP 1 次の連立方程式を解きなさい。

1 $\begin{cases} x+4y=11 \\ x+3y=9 \end{cases}$

$x=$＿＿＿＿　$y=$＿＿＿＿

2 $\begin{cases} 2x+y=7 \\ 3x-y=8 \end{cases}$

$x=$＿＿＿＿　$y=$＿＿＿＿

これ私毎回言っちゃってる気がするけど…。やっぱりマイナスがたくさん入ってくると計算ミス怖いなぁ…。

STEP 2 次の連立方程式を解きなさい。

1 $\begin{cases} 2a-4b=-6 \\ -a+5b=6 \end{cases}$

$a=$＿＿＿＿　$b=$＿＿＿＿

2 $\begin{cases} -2a+3b=7 \\ -3a+2b=8 \end{cases}$

$a=$＿＿＿＿　$b=$＿＿＿＿

そうだねえ～。ミスを少しでも減らすためには，自分で計算をしているときに式をそろえて書く，「＋」「－」の記号をはっきり書くなどのくふうをしてみよう！

2年 連立方程式の解き方②

連立方程式ってどうやって解くの？

今日の一問

$$\begin{cases} x-2y=-7 \\ 4x-3y=-8 \end{cases}$$ を解きましょう。

また，同じような連立方程式。じゃあ，同じ解き方で！

ちょっと待った！ もちろん同じ解き方でも解けるけど，今回はちがう解き方をしてみよう！ まず，１つの式を「$x=$○○」の形にするんだ。

ROUND 1

$x-y=2$ を $x=$○○ の形にすると

$x=$ $y+2$

x の項を左辺，x の項以外を右辺に移項し，必要があれば x の係数で両辺をわる。

とりあえず「$x=$○○」の形にしたけど…。

はなまる！ あとは代入するだけだね。

え，代入…？ でも，x にあてはまる数はまだわかってないから，代入はできなくない？

これは，文字式ごと代入しちゃえばいいんだよ！ 次の解き方を見てごらん？

ROUND 2

$$\begin{cases} x=y+2 & \text{—①} \\ 2x+3y=14 & \text{—②} \end{cases}$$

①を②に代入して

$2(y+2)+3y=14$

$5y=10$

$y=2$

これを①に代入して

$x=4$

$x=4$，$y=2$

☆代入法…片方の式をもう片方の式に代入して１つの文字を消去

え，すごい！「y」が残ってるまま代入してもいいんだね！ なんか変な感じ…。

最初は慣れないよねえ。でも，代入したことによって，文字が１つだけの式になるでしょ？ こうすることで，１年生でやった方程式の解き方で解くことができるんだ！ このように，**「代入」することで文字の数を減らす解き方を，「代入法」**とよぶよ！

では，この「代入法」を使って「今日の一問」を解いてみよう～。

FINAL ROUND

$$\begin{cases} x-2y=-7 & —① \\ 4x-3y=-8 & —② \end{cases}$$

①より　$x=2y-7$ —③

③を②に代入して　$4(2y-7)-3y=-8$

整理して　$\boxed{5}\,y=\boxed{20}$

$y=\boxed{4}$

これを③に代入して　$x=\boxed{1}$

$x=\boxed{1}$，$y=\boxed{4}$

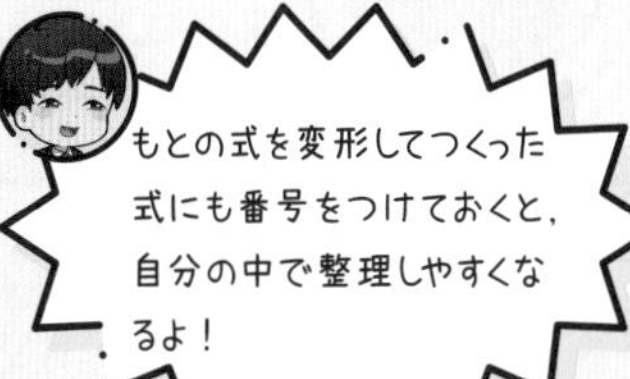

もとの式を変形してつくった式にも番号をつけておくと，自分の中で整理しやすくなるよ！

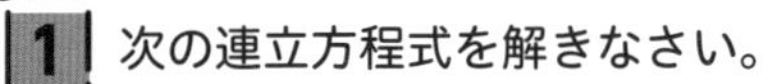

練習問題

解答解説 ▶▶ 別冊 13 ページ

STEP 1 次の連立方程式を解きなさい。

1 $\begin{cases} y=3x+4 \\ -2x+3y=-2 \end{cases}$

$x=$＿＿＿＿　$y=$＿＿＿＿

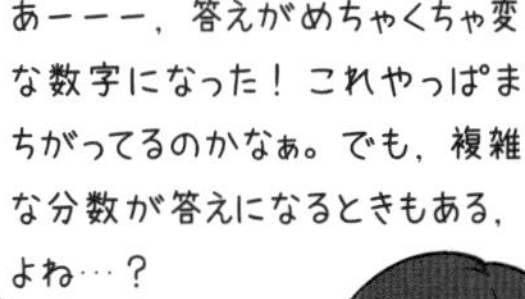

あーーー，答えがめちゃくちゃ変な数字になった！ これやっぱまちがってるのかなぁ。でも，複雑な分数が答えになるときもある，よね…？

2 $\begin{cases} x=-2y-5 \\ -x+3y=10 \end{cases}$

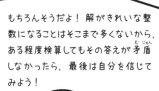

$x=$＿＿＿＿　$y=$＿＿＿＿

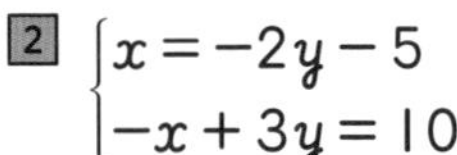

もちろんそうだよ！ 解がきれいな整数になることはそこまで多くないから，ある程度検算してもその答えが矛盾しなかったら，最後は自分を信じてみよう！

STEP 2 次の連立方程式を解きなさい。

1 $\begin{cases} x+4y=13 \\ 2x-3y=-5 \end{cases}$

$x=$＿＿＿＿　$y=$＿＿＿＿

24 2年 連立方程式と文章題

連立方程式ってどうやってつくるの？

今日の一問

1個200円のりんごと1個50円のみかんを合わせて14個買ったら，代金の合計が1600円になりました。それぞれ何個ずつ買ったかを求めましょう。

ぎゃあ〜また文章題だ！ 私ほんっとに苦手なんだよなぁ…。

まあまあ落ち着いて！ まず，文章題の解き方を思い出してみよう！

求めるものを文字でおくんだよね？ でも，この場合求めるものが2つあるよ？

じゃあ2つの文字でおいちゃえばいいんだよ！ 次の問題を見てごらん？

ROUND 1

☆問題

メイさんは1日で折り鶴を10羽，ナナミさんは1日で折り鶴を12羽つくることができます。2人で合わせて30日間折り鶴をつくったところ，合計で324羽できました。メイさんとナナミさんは，それぞれ何日間折り鶴をつくっていたでしょうか。

☆解き方

メイさんが x 日間，ナナミさんが y 日間だとすると

$$\begin{cases} x+y=30 & \text{—①} \\ 10x+12y=324 & \text{—②} \end{cases}$$

①を変形して　$y=-x+30$ —③

③を②に代入して　$10x+12(-x+30)=324$

整理して　$x=$ 18，$y=$ 12

答え：メイさん18日間，ナナミさん12日間

あ，そうか！ 今までは方程式が1つだったから文字を1つしか使っていなかったけど，**連立方程式は文字を2つ使ってもいいのか！**

そうだね！ 実は，特別な場合を除けば「求める文字の種類」と「連立した方程式の個数」が同じであれば値を求めることができるんだ。これは3個以上になっても一緒だから，覚えておいてね。

わかった！ …にしても，実際は私とメイならどっちのほうが折り鶴つくるの上手いのかな…？ ちょっと今から一緒にやってこようかな。　メイ〜！ ちょっとこっち来て〜！

待って待って！ まず「今日の一問」を解いてからにして！ そしたら遊んでいいから！

2つの文字を使って，この文章題を解いてみよう！

FINAL ROUND

りんご x 個，みかん y 個とすると

$$\begin{cases} x+y=14 & \text{—①} \\ 200x+50y=1600 & \text{—②} \end{cases}$$

①を変形して　$y=-x+14$ —③

③を②に代入して　$200x+50(-x+14)=1600$

整理して　$x=$ 6，$y=$ 8

答え　りんご 6 個　みかん 8 個

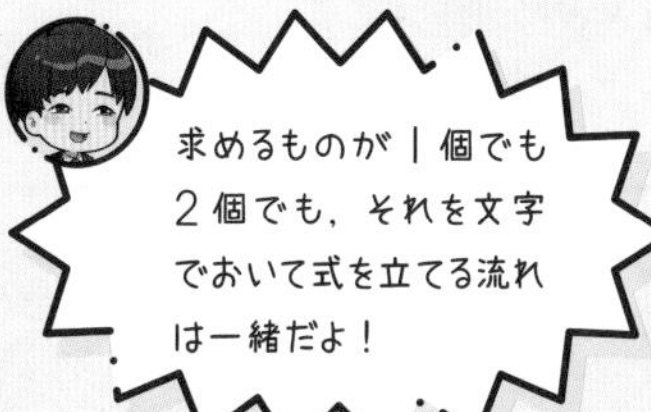

求めるものが1個でも2個でも，それを文字でおいて式を立てる流れは一緒だよ！

練習問題

解答解説▶▶別冊 14 ページ

STEP 1 次の文章題を解きなさい。

1 ある洋菓子(ようがし)店で，ケーキを3個，マカロンを5個買うと代金は1650円になり，ケーキを4個，マカロンを1個買うと代金は1520円になります。このとき，ケーキ，マカロンの1個の値段はそれぞれ何円か求めなさい。

ケーキ ______

マカロン ______

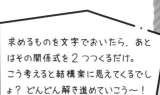

問題の文章が長くなっても，最後を読めば何を文字でおけばよいのかわかるところは一緒だね！ 慣れてきたぞ〜。

STEP 2 次の文章題を解きなさい。

1 ある学校の全校生徒300人のうち，自転車で通学している人の割合は男子が30%，女子が20%であり，自転車通学者の合計は76人でした。このとき，男子生徒，女子生徒はそれぞれ何人か求めなさい。

男子生徒 ______

女子生徒 ______

求めるものを文字でおいたら，あとはその関係式を2つつくるだけ。こう考えると結構楽に思えてくるでしょ？ どんどん解き進めていこう〜！

3年 因数分解とは

因数分解ってどうやってやるの？

今日の一問

x^2-5x+4 を因数分解しましょう。

あれ！ 因数分解ってなんだったっけ…？ この文字式を変形すればいいんだっけ？

そう！ でもいざ変形しろと言われても，何のためにどうすればいいのかが全然わからないよね。まずは，因数分解ってどういうことなのか，説明しよう！

ROUND 1

因数分解とは
→たし算やひき算の混ざった文字式において，共通する因数をくくり出して文字式の かけ算 に変形すること

$2ab-4ac=2a(b-2c)$
共通する因数に注目する！

え！ これって，この前やった「展開」を逆にしただけじゃない…？

ビンゴ！ さすが，ヒロトくんは本当に鋭いねえ。そのとおりだよ。
前回の授業で扱った「展開」は「カッコをはずす」のに対して，今回の**「因数分解」は「カッコでまとめる」**と考えるとわかりやすいよ！

じゃあ，展開のときにやった「乗法公式」や「平方の公式」も逆になる？

はなまる！ 因数分解の公式も次の表にまとめてみたから，確認してみよう～。

ROUND 2

$x^2+(a+b)x+ab$
$=(x+a)(x+b)$

$x^2+2xy+y^2=(x+y)^2$

$x^2-2xy+y^2=(x-y)^2$

☆展開と因数分解の関係

☆展開 →
$(x+a)(x+b)$ 　 $x^2+(a+b)x+ab$
← ☆因数分解

おお～。本当に式の左右を入れかえるだけでそのまま因数分解になるんだね。

一石二鳥でしょ！ だから，展開と因数分解はセットで覚えちゃおう！
ということで，さっそく実際に計算問題を解いて理解を深めていこう〜。

FINAL ROUND

$$x^2 - 5x + 4 = x^2 + \{(-1) + (-4)\}x + (-1) \times (-4)$$
$$= (x - 1)(x - 4)$$

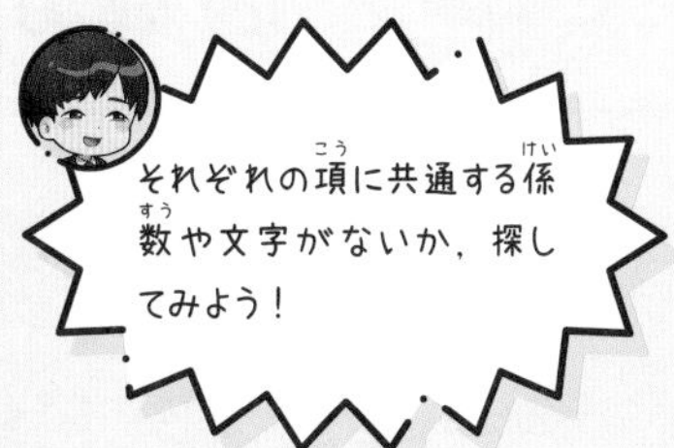

それぞれの項に共通する係数や文字がないか，探してみよう！

練習問題

解答解説 ▶▶ 別冊 14 ページ

STEP 1 次の文字式を因数分解しなさい。

1 $ab + 2bc =$

2 $4x^2 - 8xy =$

3 $-6x^2 + 3x^3y =$

一石二鳥！ とは言ったけど…。展開の公式自体をちょっと忘れちゃってるから，なかなか解くのが大変だ〜。

STEP 2 次の文字式を因数分解しなさい。

1 $x^2 - 6x + 8 =$

2 $x^2 + 6x + 9 =$

そういうときはページを戻って復習してみよう！ 数学はいろんな単元の積み重ねだから，つまずいたらすぐに前の学期，学年の単元まで戻るのもコツの1つだよ！

3年 因数分解の公式

因数分解できるかどうかわかる？

今日の一問

$4x^2-25$ を因数分解しましょう。

え，これって因数分解できる…？ 確かに「x^2」はあるけど，文字の項はこの1つだけで，しかもあとは数字の「−25」しかないし…。どうすれば式をまとめられるんだろう。

確かにこれは迷うよねえ。でも実は，これは因数分解でとてもよくあるパターンなんだよね。どういうしくみでこれが因数分解できるのか，まずは因数分解の逆の「展開」から説明するね！ 次の例を見てごらん？

ROUND 1

$(x+a)(x+b)=$ $x^2+(a+b)x+ab$

$a=y$，$b=-y$ とすると

$(x+y)(x-y)=$ $x^2+(y-y)x+y(-y)$

$=$ x^2-y^2

☆展開

$(x+y)(x-y)=x^2-y^2$

☆因数分解

$x^2-y^2=(x+y)(x-y)$

これ面白いね！ $(a+b)x$ にあたる文字式がちょうどなくなって，それぞれの2乗だけが残るってことか！

そういうこと！ これまでやってきた公式で説明できるんだけど，このパターンは非常によく出るから，これを別で1つの公式としているんだ。覚えておこう！
てことでさっそく一問，一緒に練習してみよう～。

ROUND 2

$a^2-16=a^2-4^2$

$=$ $(a+4)(a-4)$

2つの項しかない文字式の因数分解
→(2乗)−(2乗) の形になっていないか確認する。

そうか，てことは，整数の項があったとしたら，それが**何かの2乗の形になっているかを確認すればいい**んだね！ 2乗だったら，この公式で因数分解できるかもってことか。

はなまる！ ここまでわかっていればあとは問題を解くだけだね！ いってみよう～。

FINAL ROUND

$4x^2-25=(2x)^2-5^2$

$=(2x+5)(2x-5)$

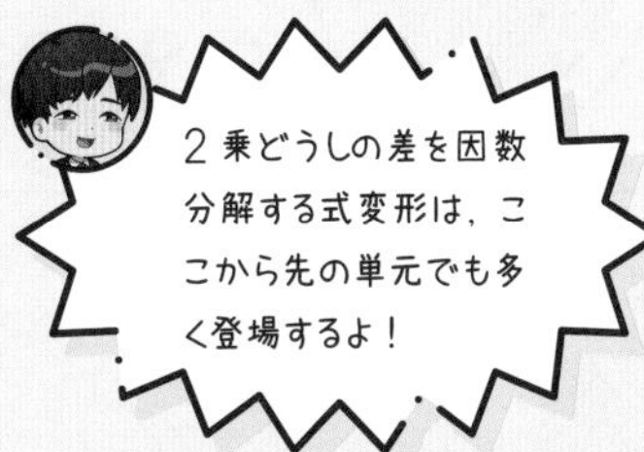

2乗どうしの差を因数分解する式変形は，ここから先の単元でも多く登場するよ！

練習問題

解答解説 ▶▶ 別冊 15 ページ

STEP 1 次の文字式を因数分解しなさい。

1 $x^2-4=$

2 $y^2-36=$

だいぶ因数分解ができるようになってきたよ！
でも1つ気になったんだけど…。これって式をまとめて，何の意味があるんだろう…？

STEP 2 次の文字式を因数分解しなさい。

1 $4x^2-9=$

2 $9x^2-16y^2=$

いい質問だねえ～。
今すぐにでも答えてあげたいんだけど，もう少しだけ待ってね！
28 (p.88)までいくとその答えがわかるからお楽しみに，だね！

3年　2次方程式とは

2次方程式と1次方程式のちがいって？

今日の一問

方程式 $4x^2-15=21$ を解きましょう。

この問題，最初は「簡単そう！」って思ったんだけど，よくよく見てみると x に2乗がついているんだよねえ。どうやって解けばいいんだったっけ？

これは「x についての2次方程式」だね！ x の最大の指数をとって，1次，2次，3次，…と名前が変わっていくから覚えておこう。つまり，今まで解いてきた2次の項が出てこない x についての方程式を「1次方程式」というね。まずは，この問題に限らず，「2次方程式」がそもそもどんなものなのかを確認してみよう〜。

ROUND 1

x についての2次方程式とは

→ x の［2］次式＝0の形の方程式

一般形は［$ax^2+bx+c=0$］

☆解き方

（bx がない）$b=0$ のとき → 平方根の性質を利用

（bx がある）$b \neq 0$ のとき → 因数分解・解の公式
（p.88）　（p.90）

x の2乗が出てくるだけじゃなくて，ただの x も出てくることがあるんだね！

そう！ むしろこの「$ax^2+bx+c=0$」の形のように，2乗と1乗の両方の x が出てくるパターンのほうが多いよ。でも「今日の一問」は，x^2 の項しかないね。
ということは，どうやって解けばよいか，わかるかな？

「平方根」の性質を利用して解く，でいいんだよね？

はなまる！ じゃあ，今から解き方の1つ目「平方根の利用」を見てみよう〜。

ROUND 2

$$2x^2-3=5$$
$$2x^2=8$$
$$x^2=［4］$$
$$x=［\pm 2］$$

☆平方根の性質で2次方程式を解く
└→ $x^2=a$ のとき　$x=\pm\sqrt{a}$
式を変形し，$x^2=\square$ の形にする。

これは平方根の定義どおりだね！ 解き方がわかったから，1人でできそうだ！

おお，さすがだねえ～。じゃあこの問題，さっそく解いてみよう！

FINAL ROUND

$$4x^2 - 15 = 21$$
$$4x^2 = 36$$
$$x^2 = \boxed{9}$$
$$x = \boxed{\pm 3}$$

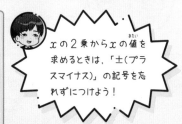

xの2乗からxの値（あたい）を求めるときは，「±(プラスマイナス)」の記号を忘れずにつけよう！

練習問題

解答解説▶▶別冊 15 ページ

STEP 1 次の2次方程式を解きなさい。

1 $x^2 = 6$

$x =$ ________

xの2乗をはずして，数にルートをつけるだけ，って考えれば結構楽だね！

2 $3x^2 = 27$

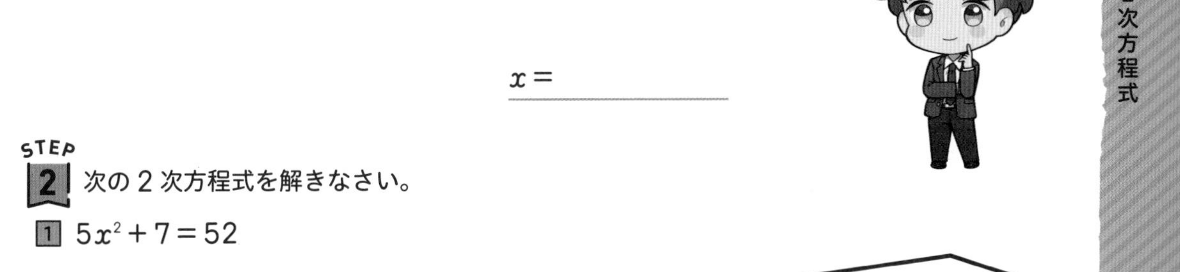

$x =$ ________

STEP 2 次の2次方程式を解きなさい。

1 $5x^2 + 7 = 52$

$x =$ ________

いいねいいね，そうやってどんどん計算に慣れていこう！
ルートの中に何かの2乗がふくまれている場合は，外に出すのを忘れないようにね！

2 $-3x^2 + 19 = 7$

$x =$ ________

3年　2次方程式(じほうていしき)の解き方①

2次方程式ってどうやって解くの？

今日の一問

方程式 $x^2+4x+3=0$ を解きましょう。

あ，これが前回話していた「ax^2+bx+c」の「bx」がある形だ！

そう！ 理解がはやいねえ～。この形に関しては，大きく2つの解き方が存在するんだ。まずはその2つと使い分けについて，次のまとめを見てみよう！

ROUND 1

x^2-6x+8 は因数分解(いんすうぶんかい)　できる

x^2+5x+3 は因数分解　できない

「$ax^2+bx+c=0$」の左辺が
因数分解できる→因数分解で解く
因数分解できない→解の公式で解く
(p.90)

「因数分解」って，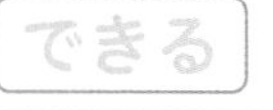26(p.84)でやったよね！ ここで出てくるんだなぁ。

ヒロトくんが前に「因数分解ってどこで使うの？」って質問してたでしょ？
あのときの答えにやっとたどり着いた，ということだね～。
じゃあ具体的に因数分解でどうやって2次方程式を解くのか。今から説明するね！

ROUND 2

$x^2-6x+8=0$

$(x-2)(x-4)=0$

$x=2,\ 4$

☆因数分解で2次方程式を解く
$A\times B=0$ なら $A=0$，もしくは $B=0$ を利用
$(x-a)(x-b)=0$ ならば
$(x-a)=0$ もしくは $(x-b)=0$
つまり　$x=a,\ b$

え…！ これって，因数分解しちゃえばもうほぼ解けたも同然じゃない…？

そうなの！ これを見ると，いかに因数分解が大事かわかるでしょ～。
ちなみに，「$x^2+(a+b)x+ab$」の形を，「$(x+a)(x+b)$」になおすのにつまずいたときは，まず整数の項(こう)を小さい2つの数のかけ算に分解してみるといいよ！

たとえば「x^2+6x+8」なら，8を「4×2」「8×1」とかいろいろ分解してみて，公式の「a，b」に合うものを探してみよう。
それじゃあ，最後の問題，いってみよう～。

FINAL ROUND

$$x^2+4x+3=0$$

$$(x+1)(x+3)=0$$

$$x=-1,\ -3$$

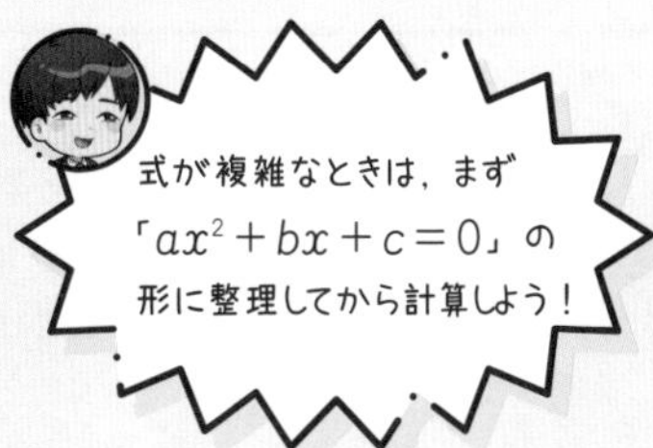

式が複雑なときは，まず

形に整理してから計算しよう！

練習問題

解答解説 ▶▶ 別冊 16 ページ

STEP 1 次の2次方程式を解きなさい。

1 $x^2-5x+4=0$

$x=$ ______

2 $x^2+6x+9=0$

$x=$ ______

これ，個人的には結構好きかも！
公式さえ覚えれば，あとはどの数ならあてはまるか，ってゲーム感覚で問題が解けるね。

STEP 2 次の2次方程式を解きなさい。

1 $2x^2+12x+10=0$

$x=$ ______

2 $x^2+12=8x$

$x=$ ______

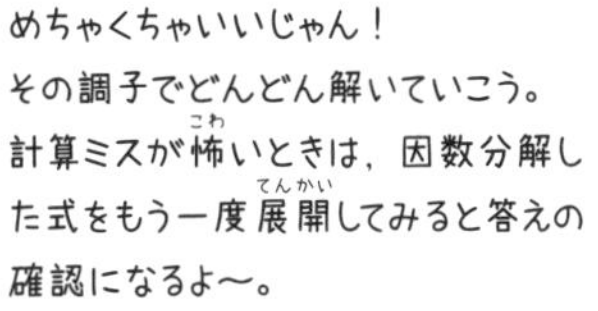

その調子でどんどん解いていこう。
計算ミスが怖(こわ)いときは，因数分解した式をもう一度展開(てんかい)してみると答えの確認になるよ～。

3年　2次方程式の解き方②

因数分解できない2次方程式はどうする？

今日の一問

方程式 $2x^2-5x+1=0$ を解きましょう。

この問題，どうしても今までのやり方じゃ解けないんだけど…。もしかしてこれが，前話してた「因数分解できない」特殊なパターン，ってこと…？

お，どれどれ…？　あ，そうだね！　これは確かに因数分解できないよ。

あ，よかった！　ぼくが計算ミスしている，ってわけじゃないんだね。

安心したところで(笑)，因数分解できないパターンの解き方を見てみよう！

ROUND 1

2次方程式の 解の公式

$ax^2+bx+c=0$ のとき

$$x=\frac{-b\pm\sqrt{b^2-4ac}}{2a}$$

たとえば　$x^2-5x+3=0$ なら

$a=1$，$b=-5$，$c=3$ を代入して

$$x=\frac{-(-5)\pm\sqrt{(-5)^2-4\times1\times3}}{2\times1}$$

$$=\frac{5\pm\sqrt{13}}{2}$$

結構複雑な式…。でも，これで2次方程式が解けちゃうなら，覚えなきゃ！

これは中学数学の公式の中でいちばん覚えにくいかもね…。でも，いちばん覚える意味のある公式なのもまちがいないから，毎日暗唱してがんばって覚えちゃおう！

つまり，因数分解できるかを試して，因数分解できなかったらこれを使えばいい，ってことだよね？

そう！　だけど，実はこの式は因数分解できる公式にも同じように使うことができるよ！　たとえば，「$x^2-5x+4=0$」だったらどうやって解く？

「$(x-1)(x-4)=0$」と因数分解できるから，「$x=1,\ 4$」になるね。

はなまる！　でも，これを「解の公式」でやっても，「$x=\frac{5\pm\sqrt{9}}{2}$」となって，結局「$x=1,\ 4$」という同じ答えになるんだ。

ほんとだ！　きちんと代入すれば，どんな2次方程式でも解けちゃうんだね。

そう！ じゃあさっそくこの公式を使って，「今日の一問」，解いてみよう～。

FINAL ROUND

$2x^2-5x+1=0$

$a=$ $\boxed{2}$，$b=$ $\boxed{-5}$，$c=$ $\boxed{1}$ を解の公式に代入して

$$x=\boxed{\frac{-(-5)\pm\sqrt{(-5)^2-4\times2\times1}}{2\times2}}$$

$$=\boxed{\frac{5\pm\sqrt{17}}{4}}$$

ルートの中の計算はとても
ミスをしやすいからとくに気
をつけよう！

練習問題

解答解説▶▶別冊 16 ページ

STEP 1 次の 2 次方程式を解きなさい。

1 $x^2+8x+5=0$

$x=$ ＿＿＿＿＿＿

先生のおかげで，2 次方程式のそれぞれのパターンのときの解き方はわかった！ でも，ごちゃ混ぜで問題が出てくると混乱しそうだなぁ…。

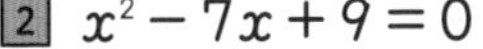

2 $x^2-7x+9=0$

$x=$ ＿＿＿＿＿＿

STEP 2 次の 2 次方程式を解きなさい。

1 $-x^2+5x+1=0$

$x=$ ＿＿＿＿＿＿

確かに，難しい問題になるとどうしても解き方のちがう問題が混ざってくるよね。まずはそれぞれの理解を深めて，対応力を上げていこう！

2 $3x^2+11x-8=0$

$x=$ ＿＿＿＿＿＿

3年　2次方程式(じほうていしき)と文章題

2次方程式ってどうやってつくるの？

今日の一問

2つの正の数があり，その数の差は6，積は40だとします。このとき，2つの数の値をそれぞれ求めましょう。

う…！ 文章題だ…。来るとは思ったけど…。
えっと，文章題は…。求めたいものを文字でおくんだよね？ だからこの場合は，大きいほうの数を a，小さいほうの数を b とかでおけばいいのかな…？

そうだねえ。もちろんそれでもいいけど，この場合は「差が6」という条件が提示されているから，「a」と「$a-6$」とかでおくこともできるよね！ こうやって求める文字を減らすのも，文章題をすばやく解くコツになるよ。それもふまえて，次の例を見てみよう～。

ROUND 1

「2つの正の数があり，その数の差は5，積は24だとします。」
大きいほうの正の数を a とおいたとき，小さいほうの正の数は $a-5$ となり，
方程式 $a(a-5)=24$ が立つ。

この場合，文字を2つ使って正の数2つを a，b とおくと，
$\begin{cases} a-b=5 \\ ab\quad=24 \end{cases}$ という複雑な式になる。
→できるだけ少ない文字で条件を表す！

おお！ 確かに，こうやって文字でおけば一発で文章題を2次方程式にすることができるんだね！ 式が立てられれば，あとはこれを解くだけだから簡単だね。

でもね～，実は1個気をつけないといけないことがあるんだ。

ROUND 2

（ROUND 1）の続き
方程式　$a(a-5)=24$
整理して　$(a-8)(a+3)=0$
$a=-3,\ 8$
となるが，答えとして成立するのは
$a=$ 8 のほうのみ！

☆文章題のポイント
（方程式の解）＝（文章題の答え）ではない！
「正の数」，「年齢(ねんれい)」，「ひもの長さ」
などならば，マイナスの数にはならない！

うわ，やられた！ 確かに，年齢がマイナスとかありえないもんね。

ここが文章題のポイントだね！ 方程式をただ解くだけじゃなくて，**その答えが問題の条件に合っているかをちゃんと確認しよう。**

それじゃあ２次方程式を使って「今日の一問」をやってみよう～。

FINAL ROUND

２つの数を a，$a-6$ とおくと

$$a(a-6)=40$$

整理して解くと　$a=$ −4，10

$a=$ −4 のとき負の数となるので不適。

ゆえに　$a=$ 10　よって求める値は 10 と 4

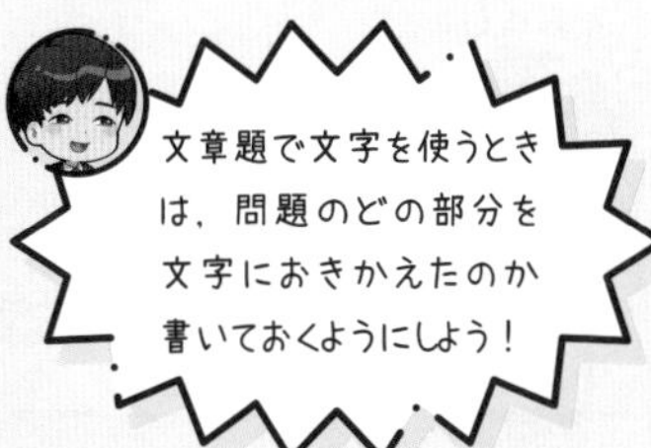

文章題で文字を使うときは，問題のどの部分を文字におきかえたのか書いておくようにしよう！

練習問題

解答解説 ▶▶ 別冊 17 ページ

STEP **1** 次の文章題を解きなさい。

1 周の長さが 24 cm，面積が 32 cm^2 の長方形の縦と横の長さを求めなさい。
ただし，横のほうが縦より長いとします。

縦＿＿＿＿＿　横＿＿＿＿＿

STEP **2** 次の文章題を解きなさい。

1 ３歳（さい）差の兄弟がいます。
弟の年齢を２乗すると，兄の年齢のちょうど４倍になります。
このとき，兄と弟はそれぞれ何歳か求めなさい。

そこがわかったのはとても素晴らしいことだよ！文章題は，立式でつまずく人がいちばん多いから，まずは立式だけでも完璧（かんぺき）にできるように数をこなしていこう～。

兄＿＿＿＿＿　弟＿＿＿＿＿

数楽のトビラ 7

不等式って方程式と何がちがうの？

「3 未満」って「$x < 3$」「$x \leqq 3$」どっち？

あ，これ聞いたことある！ でも，なんだっけ…。未満，ってなんだ…？

「3 未満」って，「3 より小さい」って意味だよね！ てことは，3 はふくまないのかな…？
どっちだったっけ，自信ないなぁ。

いや，3 はふくまなかったはず！ だから，「<」のほう！ 先生，合ってる？

はなまる！ さすがヒロトくん，最上級生の意地だね！ ちなみに，読み方は？

………。

いやわかんないんかい!! まぁ，私もわかんないけど(笑)。

まぁ，読み方なんて問題出ないもんね。一応読み方もふくめてまとめてみたよ！

TIPS

不等号の読み方

＞…だいなり，≧…だいなりイコール
　　超過　　　　　　以上

＜…しょうなり，≦…しょうなりイコール
　　未満　　　　　　以下

ハイレベル

不等式

不等号が入った等号を不等式という。
方程式と同じように，不等号の左側を左辺，右側を右辺，左辺と右辺を合わせて両辺とよぶ。

「＝」がついているのもついていないのも，まとめて不等号っていうんだね！
すごくわかりやすかった。でもさ，この記号がはいった不等式って，いつ使うの？

そうだねえ。じゃあたとえば買い物に行ったときを考えてみよう！
メイさんが 1000 円もって，1 個 a 円のりんごを 5 個と 1 個 b 円のみかんを 8 個買おうとしたら，買うことができなかった。この関係を，式に表すことってできる？

え，結局いくらかわからなかったんだよね？ じゃあ…。あ，そうか！
「1000 円より高かった」ということを，「$5a + 8b > 1000$」で表せるのか！

はなまる！ 等式では表せない関係を，不等式で表すことができるんだ！

確かにそう言われると便利かも！ 今後はもっと使ってみるようにするよ～。

Q&A 08 勉強法は志望校によって変えたほうがいい？

メイ

こーさく先生，志望校が２つあって迷っているんだけど，志望校に合わせて勉強法を変えたほうがいいの？

こーさく先生

メイさんが受験する都道府県にもよるけど，公立高校であれば，どの高校を受けるとしても多くの場合は入試問題が同じなので，変えなくていいよ。

そうなんだ！

志望校がいくつかあって迷っている段階でも，いちばんレベルの高い学校に合格できるように，ふだんから勉強しておくのがいいよ！

なるほど！ 最終的に行きたいと思った学校に，点数が足りなくて行けないのはつらいもんね。

COMMENTS

でんがん先生

たしかに入試が近づいてきたら，志望校に合わせた勉強をするのもアリなんだけど，まだそんなレベルにない人は，基本的な問題の解法と知識を身につけることが，すべてじゃないかな。勉強の基本は「急がば回れ」だよ！

Q&A 09 1日，何時間勉強したらいい？

ナナミ

こーさく先生，1日何時間勉強したらいいの？ それから，得意科目と苦手科目だったら，どっちを優先したらいい？

こーさく先生

ナナミさん，まずは苦手科目の勉強時間から決めるといいよ。
2時間ほどできたらいいけど，「最低，1時間は絶対やる！」と最低目標を決めておこう。

2時間やるのがいいなら「2時間やるぞ！」って思ったほうがいいんじゃない？

いや，最初から2時間って思うとハードルが上がって，なかなか始められないこともある。苦手科目だととくにね。最低目標を設定すると，ハードルが下がって始めやすくなるし，結果的にもっと続けられることが多いよ。

得意科目も同じくらいの時間にして，苦手と得意を交互（こうご）にやると，頭が切（き）り替（か）わって集中できるよ。

COMMENTS

くめはら先生

得意と苦手を交互にやるのは大賛成！ やる気がすごくある日や調子がいい日は，苦手科目に集中して取り組む日にするのもおすすめだよ。

関数

この章では，ともなって変わる数の関係である「関数（かんすう）」について学ぶよ！ 比例（ひれい），反比例（はんぴれい）に加えて放物線（ほうぶつせん）などの新しいことばが出てきたり，グラフを描（か）く問題が出てきたりと新しい学びの多い章だから，一つ一つ意味を理解してゆっくり進めよう！

KOSAKU

グラフって，図を描くってことだよね？ 計算よりは楽しそう…！
ていねいに描くのが難しいんだよね～。たくさん練習するぞ！

1年 座標(ざひょう)とは

x 座標，y 座標って何のこと？

今日の一問

点 A (3，－2) に対し，y 軸について対称(たいしょう)な点 B の座標を求めましょう。

まずい…。知らない単語がある…。「y 軸(じく)について対称(たいしょう)」ってなんだっけ？

いきなりだとびっくりしちゃうよね！ 今回からは座標の問題に入るよ。

座標って，縦軸と横軸があって，1，2，3…ってそれぞれ目盛りがあるやつだよね？
それはなんとなく今でもわかるんだけど，「y 軸」なんてものあったっけ…？

お，よく覚えてたね！ 座標の話は小学校からつながっているから，うろ覚えの場合は小学校の教科書を復習しよう。今回は，中学校で新しく学習する「x 軸」「y 軸」による座標軸について説明するよ！ 次の図を見てみよう。

ROUND 1

右の図の点 A の座標は (3，2)

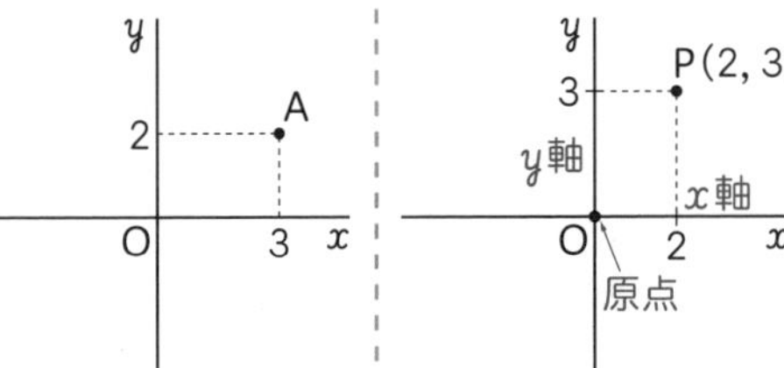

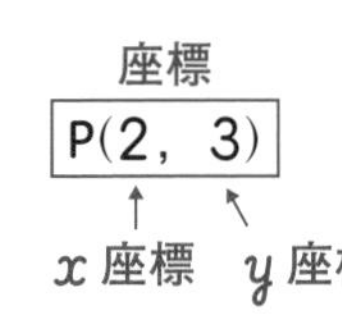

なるほど！ そっか，マイナスの数も出てくるから，原点(げんてん)の O が真ん中になるんだね！

そういうこと！ じゃあこれをふまえた上で，「軸について対称」とは何か説明するね～。

ROUND 2

点 A と点 B は x 軸 について対称

点 A と点 C は y 軸 について対称

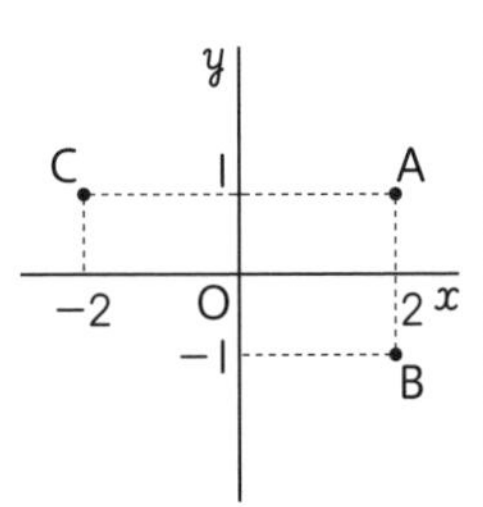

それぞれの座標は

A (2，1)，B (2，－1)，C (−2，1)

点 A と点 B … y 座標 が正負反転

点 A と点 C … x 座標 が正負反転

なるほど…。実際に図をかいてみると，「対称」のイメージがつかみやすいね。

でしょ！ ただ，やってみてわかったと思うけど，たとえば**「x 軸について対称」なときは，値（あたい）の正負が変わるのは「y 座標」**のほうなんだよね。そこだけミスしやすいので，気をつけてみよう！ それじゃあ，「今日の一問」いってみよう～。

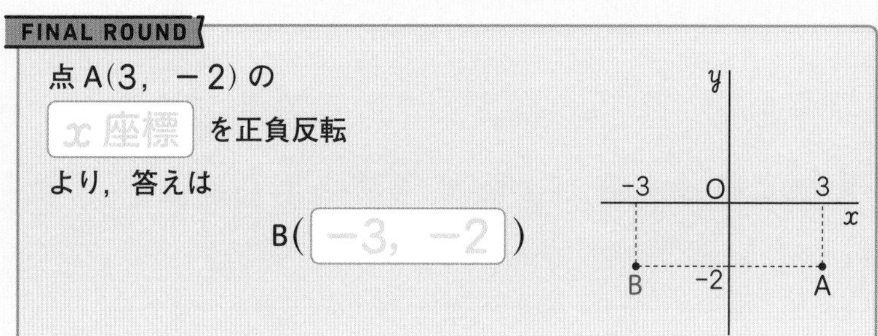

FINAL ROUND
点 A(3，－2) の
x 座標 を正負反転
より，答えは
B(－3，－2)
y
-3
O
3
x
-2
B
A

最初のうちは，簡単な問題でも毎回図をかいて答えるようにするとミスが減るよ！

練習問題

解答解説▶▶別冊 18 ページ

STEP **1** 次の問題に答えなさい。

1 点 A(2，5) に対し，x 軸について対称な点 B の座標を求めなさい。

2 点 A(2，5) に対し，y 軸について対称な点 C の座標を求めなさい。

小学生のときに習った「横軸」が「x 軸」に，「縦軸」が「y 軸」にそれぞれ対応しているんだね！

STEP **2** 次の問題に答えなさい。

1 点 D(－3，－4) に対し，x 軸について対称な点 E の座標を求めなさい。

2 点 D(－3，－4) に対し，y 軸について対称な点 F の座標を求めなさい。

はなまる！ その認識でいいよ！ たとえば点 (2，3) と言われたら，x 座標は 2，y 座標は 3 と表せることも，何度も問題を解いてすぐに言えるようにしよう！

1年 関数の定義

「関数」ってなんだろう？

今日の一問

ある数 x の3倍を y とするとき，y を x で表しましょう。また，x を y で表しましょう。

この問題もそうなんだけど，最近この「関数」ということばがすごい出てくるんだよね。でも，私この「関数」がイマイチよくわかってなくて…。関数の「定義」ってあるの？

もちろんあるよ！ でも，確かに「関数」の考え方は説明するのが難しいよね。今回は，関数であるものと，逆に関数でないものもふくめて具体例を出して説明してみるね！

ROUND 1

1個150円のりんごを買った個数 x 個と値段 y 円… 関数である

東京都の人口 x 人と大阪府の人口 y 人… 関数ではない

☆関数の定義
片方の値が決まれば，もう片方の値も1つに決まるもの。

なるほど！ この，「**片方の値が決まれば，もう片方の値も1つに決まるもの**」という定義はわかりやすい！ てことは，歩いた時間と進んだ距離，とかも関数，だよね？

そう！ ただ，一定のスピードで歩く，という条件はあるけどね。
たとえばメイさんが1分に80 mずつ歩いていたら，1分歩いたら80 m，2分なら160 m，10分なら800 mというふうに，時間によって距離が定まるよ！

おー！ わかったぞわかったぞ。これで関数はもう完璧，じゃない？

と言いたいところなんだけど1つだけ！ これを見てごらん？

ROUND 2

$y=4x$ のとき　$x=\frac{1}{4}y$

$y=-2x$ のとき　$x=-\frac{1}{2}y$

$y=4x$ のように，y を x で表せるとき
→ y は x の関数である。

$x=\frac{1}{4}y$ のように，x を y で表せるとき
→ x は y の関数である。

y は x の関数で，x も y の関数，ってこと？ それが何か問題に関係してくるの…？

比例・反比例の問題は，x の値から y の値を求めることもあるんだけど，逆に y の値から x の値を求めることもあるんだ！ だから，両方できるということをおさえておこう。ここまでのことをふまえて「今日の一問」，いってみよう！

FINAL ROUND

ある数 x の 3 倍が y であるため　$y=$ $3x$

また，変形して　$x=$ $\frac{1}{3}y$

身近にあるものの中からも，
「関数である」ものを探して
みると面白いよ！

 練習問題

解答解説 ▶▶ 別冊 18 ページ

STEP **1** 次の中から，y が x の関数となっているものをすべて選びなさい。

1 ア．正方形の 1 辺の長さ x cm と周の長さ y cm

イ．500 円をもって買い物に行ったときに使ったお金 x 円と残りのお金 y 円

ウ．A さんの年齢(ねんれい) x 歳(さい)と身長 y cm

エ．B さんのテスト勉強の時間 x 時間とテストの点数 y 点

確かに…。身長と体重とか，年齢とかはパっと見だと「関数」かな？ と思っちゃうなぁ。

STEP **2** 次の問題に答えなさい。

1 分速 70 m で A さんが歩いており，歩いた時間を x 分，進んだ距離を y m とする。このとき，y を x で表しなさい。

そうだよねえ。結構引っかかりやすいところだよね。
その 2 つの数の間に，式で表すことができる関係が成り立つかどうかを考えるといいよ！

2 横の長さが 6 cm の長方形の縦の長さを x cm，面積を y cm^2 とする。このとき，x を y で表しなさい。

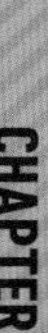

33

1年 比例と反比例

比例・反比例の関係はどう見つける？

今日の一問

y は x に反比例し，$x=4$ のとき $y=-3$ です。このとき，$x=-1$ のときの y の値を求めましょう。

で，出た…！「反比例」だ…。ことばは知ってるし，説明も聞いたことあるはずなんだけど，どうしてもこの「比例・反比例」がいまいち頭に入ってないんだよなあ…。

関数の中で，この「比例・反比例」は1個大きなポイントだよねえ。
比例のほうがなじみ深いものだから，「比例」から一緒に確認してみよう！

ROUND 1

「$y=3x$（比例）」の x と y の値の表

x	1	2	3	4	6	8	12
y	3	6	9	12	18	24	36

☆「y は x に比例する」とき（$y=ax$ と表せるとき）
x の値が2倍，3倍，… になると y の値も2倍，3倍，… となる。

比例は割とシンプルなのね！ こっちはなんとなくわかったかも！

この前メイさんが関数の例として出していた，「歩いた時間と進む距離」も比例の関係の1つだよ！ あれも，たとえば歩くスピードが1分あたり80mだとしたら，歩いた時間を x 分，進む距離を y m として「$y=80x$」と表すことができるからね。
反比例に関しても，例を挙げて説明してみるね！ これを見てごらん…？

ROUND 2

「$y=\frac{12}{x}$（反比例）」の x と y の値の表

x	1	2	3	4	6	12
y	12	6	4	3	2	1

☆「y は x に反比例する」とき

（$y=\frac{a}{x}$ と表せるとき）

x の値が2倍，3倍，… になると

y の値は $\frac{1}{2}$ 倍，$\frac{1}{3}$ 倍，… になる。

☆$a=xy$ で求められる。

あ，ほんとだ！ $y=3x$ は x が大きくなると y も大きくなるけど，$y=\frac{12}{x}$ は x が大きくなると逆に y は小さくなるんだね。確かに，比例と反比例は逆なんだねえ～。

そう！ だから反対の「反」の字が使われているんだね。これをふまえて，「今日の一問」やってみよう～。

FINAL ROUND

$xy=4\times(-3)=-12$ より，

x と y の関係は　$y=$ $-\frac{12}{x}$ と表せる。

ゆえに，$x=-1$ のとき　$y=$ 12

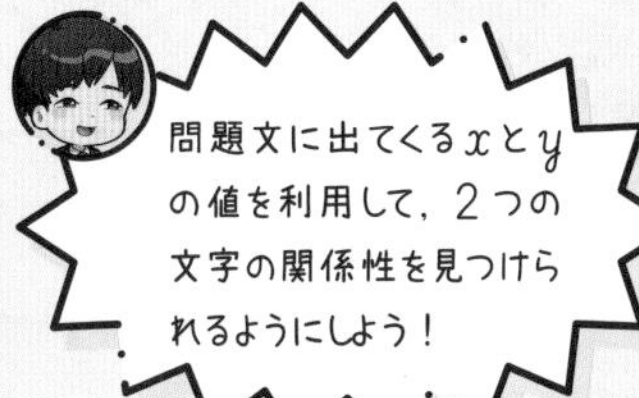

問題文に出てくるxとyの値を利用して，2つの文字の関係性を見つけられるようにしよう！

練習問題

解答解説 ▶▶ 別冊 18 ページ

STEP 1　次の問題に答えなさい。

1 yはxに比例し，$x=2$ のとき $y=5$ です。
このとき，yをxの式で表しなさい。

2 yはxに反比例し，$x=-3$ のとき $y=2$ です。
このとき，yをxの式で表しなさい。

yがxに比例しているとか，反比例しているとかが予めわかっていたら，値の組が1つわかるだけで式にできちゃうんだね！

STEP 2　次の問題に答えなさい。

1 yはxに比例し，$x=\frac{4}{3}$ のとき $y=8$ です。
このとき，$x=-\frac{3}{2}$ のときのyの値を求めなさい。

2 yはxに反比例し，$x=-\frac{1}{2}$ のとき $y=-6$ です。このとき，$x=4$ のときのyの値を求めなさい。

そういうこと！ あとはその式にxとyの片方の値を代入すれば，もう片方の値は簡単に出すことができるよ～。

グラフとは点の集合のこと…!?

グラフは点の集合である。〇か×か？

え，これどういうこと？ グラフって，つい最近やった x 軸と y 軸が交わった座標軸に，直線がひかれているもの，だよね？「点の集合」，ではなくない？

いや，確か直線だけではなかった気がする！ 定規でひけるような線だけじゃなくて，曲がってるものもあったはず。どういうのかは忘れちゃったけど(笑)。
それでも，どっちにしろ線だから点ではないんじゃないかな…？

つまり，2人とも「×」を選ぶということだね！ ちなみにヒロトくんは…？

じゃあぼくは〇，と言いたいところだけど…。2人と同じように，グラフは線だとぼくも思っているなぁ…。「×」で！

なるほど！ 皆さん残念でした！ 実はこれ，「〇」なんだよね〜。

えぇ!! え，だって，グラフには直線とか曲線とか種類があるじゃん！
だから，グラフは線なんじゃないの…？

それはまちがってないよ！ ただ実はその「線」は，それぞれの値を表した「点」が無数に集まってできたものなんだ！ 次の表を見てごらん？

TIPS ハイレベル

「$y=2x$」の x と y の値の表

x	1	2	3	4	5	6	7	…
y	2	4	6	8	10	12	14	…

細かくすると…

x	0	0.1	0.2	0.3	0.4	0.5	0.6	0.7	…
y	0	0.2	0.4	0.6	0.8	1.0	1.2	1.4	…

☆グラフにすると…

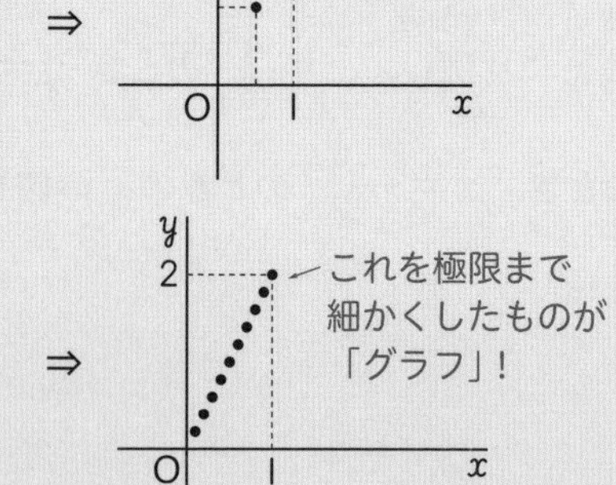

なるほどな…。確かにこうやって考えると，直線も曲線も同じってことか。

はなまる！「グラフ=点の集合」という認識をもっておくと，いろんなグラフが出てきても混乱しないようになるよ！ これをふまえて，次からのグラフの問題に挑もう！

Q&A 10 学校の授業と受験勉強をどうやって両立させる？

こーさく先生，学校の授業の復習や宿題のほかに受験勉強を始めるとしたら，それぞれどのぐらいずつやればいいの？

おお，ナナミさん，受験勉強に本腰（ほんごし）を入れようとしているんだね！
でも，これは授業の勉強，これは受験勉強って分けて考えなくていいんだよ。

えっ，そうなの？ 受験勉強って，学校の授業とは別ものかと思ってた。

基本的に，学校の授業は受験で問われる内容をあつかっているもの。だから，別ものとしてとらえないほうがいいんだ。学校の授業も自分しだいで，すべて受験勉強につなげられるよ。

復習したほうがいい内容や，宿題が多いときは，そこに集中して，着実に身につけていったほうがいいと思うよ。

COMMENTS

学校の授業を受験勉強につなげる発想は同感！ そのために，学校で習った範囲（はんい）で挑戦（ちょうせん）できる過去問に，早めの段階で取り組んでみよう。難しいかもしれないけど，今やっている勉強と受験勉強とのつながりが見えることで，やる気アップにつながるはずだよ。

1年 比例とグラフ

比例のグラフってどうやってかくの？

今日の一問

$y=-2x$ のグラフをかきましょう。

さっそくグラフの問題が出てきたの！ これがウワサの「点の集合」ってやつだね？

ウワサにはなってないけど(笑)。そうだね，今日は実際に比例のグラフをかいてもらうよ！ メイさんは，どういう手順でグラフをかいていけばいいと思う？

まず，x と y の値の組をいくつか出して，その点をかいていけばいいんじゃないかな…？

はなまる！ 説明しようとしたことを全部言われちゃったよ。さすがだねえ。33(p.102)と同じように表で x と y の値を整理しようと思うんだけど，今回は座標軸にマイナスの部分もふくまれているから，マイナスの値も入れるようにしようね！

ROUND 1

「$y=x$(比例)」の x と y の値の表

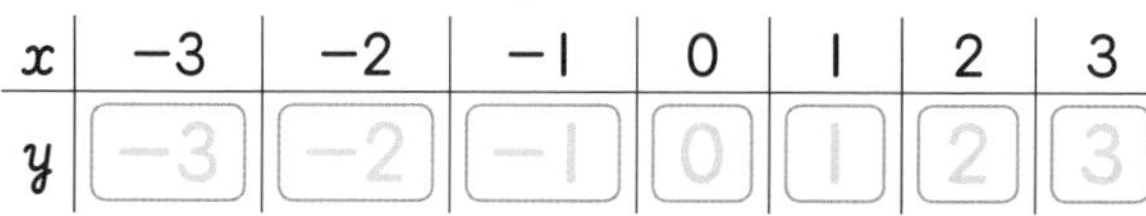

x	−3	−2	−1	0	1	2	3
y	−3	−2	−1	0	1	2	3

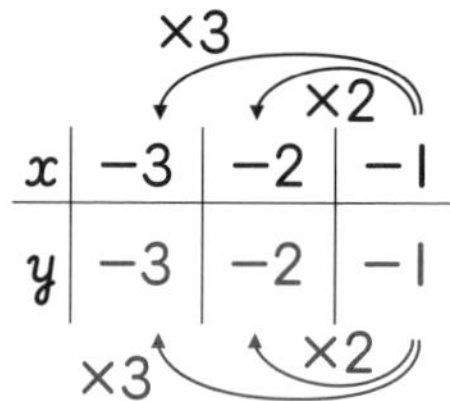

x	−3	−2	−1
y	−3	−2	−1

マイナスの数でも「比例」の関係はもちろん存在する！

よし表ができた！ あとはこれをつないでグラフにすればいいんだよね…？

そうだね！ じゃあ ROUND 1 の式のグラフを完成させてみよう！

ROUND 2

表の値の点をかく　　点をつないでグラフにする

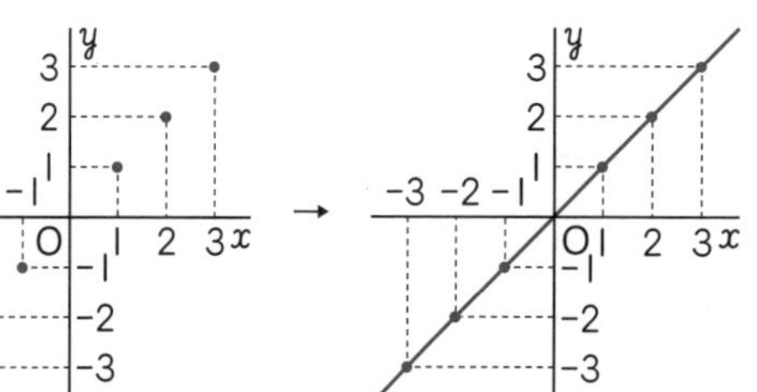

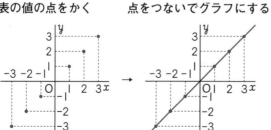

いくつかの点は，あくまでその関数の x と y の値の関係の一例！ 点どうしをつなぐことで，「グラフ」として一般化している！

点と点を結ぶときにどうしてもその部分で線を止めちゃいがちなんだけど，点を越えて伸ばし続けるようにしてね！ **値がどれだけ大きくなっても関係は変わらないので，座標軸いっぱいに伸ばすようにしよう〜。**それでは，「今日の一問」いってみよう！

FINAL ROUND

$y=-2x$ の表とグラフ

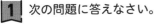

x	-2	-1	0	1	2
y	4	2	0	-2	-4

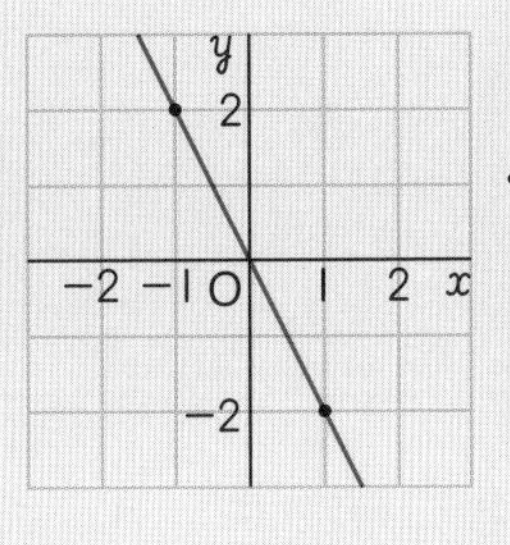

比例のグラフは，y を x で表したときの x の係数がプラスかマイナスかで，右上がりか右下がりかが決まるよ！

練習問題

解答解説 ▶▶ 別冊 19 ページ

STEP 1 次の問題に答えなさい。

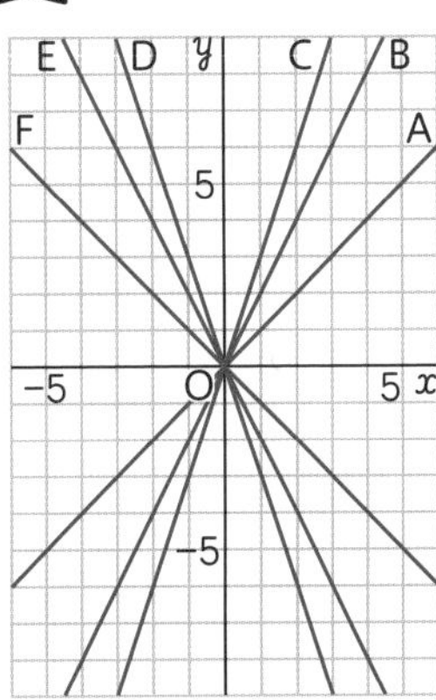

1 「$y=2x$」のグラフを，左の図のA〜Fの中から選びなさい。

2 「$y=-3x$」のグラフを，左の図のA〜Fの中から選びなさい。

グラフをかいてて思ったんだけど…。これって，絶対原点を通るよね…？ これはどんなグラフでも一緒？

お！ いいところに気づいたね！ 比例のグラフは「$y=ax$」という形になっているから，$x=0$ のときは必ず y も 0 になるよ！ だから，原点を通るんだ。ぜひ覚えておこう！

STEP 2 次の関数のグラフをかきなさい。

1 $y=-x$

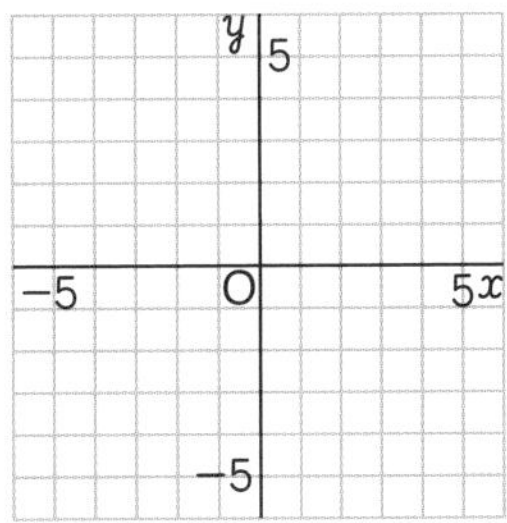

2 $y=\frac{3}{2}x$

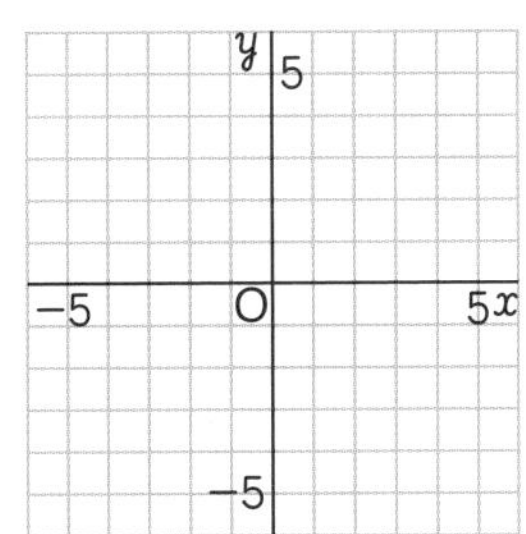

1年 反比例とグラフ

反比例のグラフってどうやってかくの？

今日の一問

$y=\frac{8}{x}$ のグラフをかきましょう。

今日は反比例のグラフだね！「反比例」，メイさんは覚えているかな？

x の値が 2 倍，3 倍，… になると，y の値が $\frac{1}{2}$ 倍，$\frac{1}{3}$ 倍，… になるものだよね！ 覚えてるよ！

さすがだね～。比例のグラフも反比例のグラフも，x と y の値をいくつかかいて，それをつなげてグラフをかくやり方は変わらないから，さっそくやってみよう～。

ROUND 1

「$y=\frac{6}{x}$（反比例）」の x と y の値の表

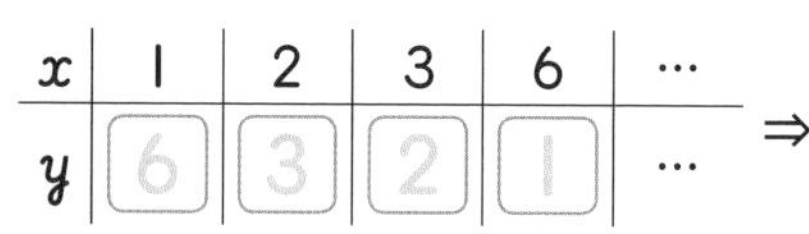

x	1	2	3	6	…
y	6	3	2	1	…

⇒

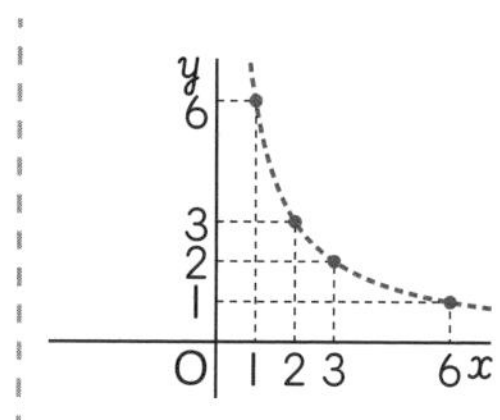

←直線ではなく曲線であるため，定規は使わない！

かけたよ！ 比例のグラフとはちがって，反比例のグラフは曲線になるんだね。

そうだね！ だから点をつないでいくときは，できるだけなめらかな曲線になるようにしよう。ところでメイさん，これで問題終わりだと思ってる…？

え，終わりじゃないの？ 表もつくってグラフもかいたよ…？

甘い！ このままだと実は不正解になっちゃうんだ。これを見てごらん？

ROUND 2

「$y=\frac{6}{x}$（反比例）」で，x がマイナスのとき

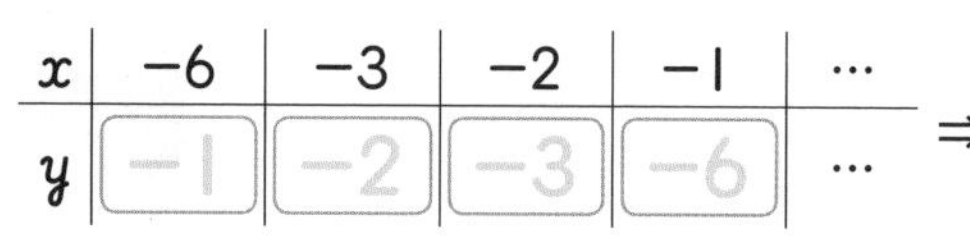

x	−6	−3	−2	−1	…
y	−1	−2	−3	−6	…

⇒

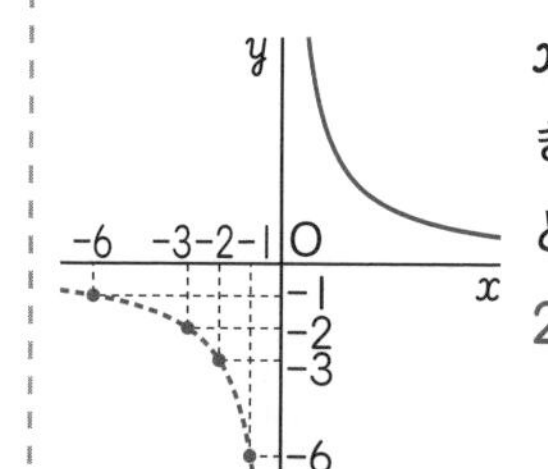

x がプラスのとき，マイナスのときでグラフが 2 つできる！

確かにマイナス忘れてた！ え，てことはグラフは 2 つになるってこと…？

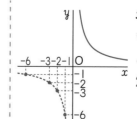

そう！ **反比例のグラフは，1 つの式に 2 つの曲線が出てくるんだ！**
ここが比例と大きくちがうポイントだから，きちんと確認した上で「今日の一問」に挑（いど）もう！

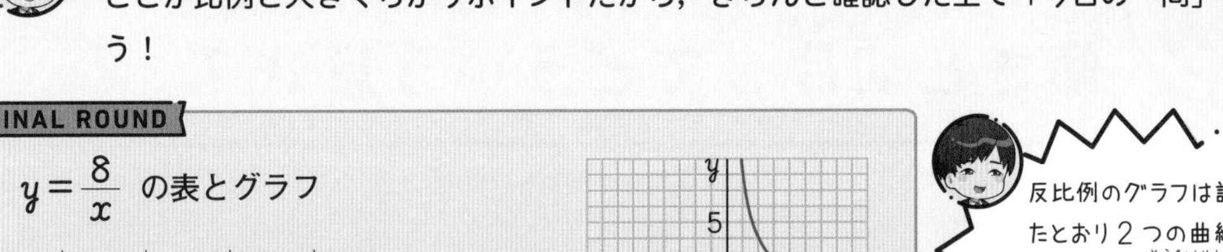

FINAL ROUND

$y=\frac{8}{x}$ の表とグラフ

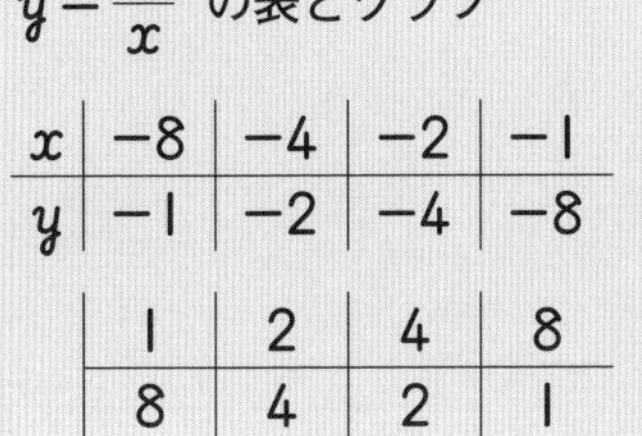

x	-8	-4	-2	-1	1	2	4	8
y	-1	-2	-4	-8	8	4	2	1

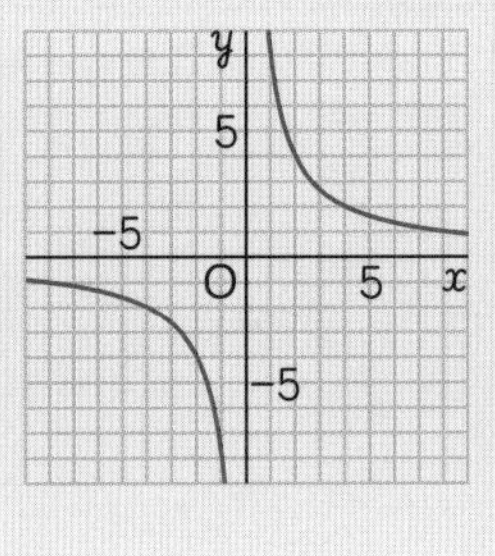
y
5
−5
O
5
x
−5

反比例のグラフは説明したとおり2つの曲線からなるので，「双曲線（そうきょくせん）」とよばれることもあるよ！

練習問題

解答解説 ▸▸ 別冊 20 ページ

STEP 1 次の問題に答えなさい。

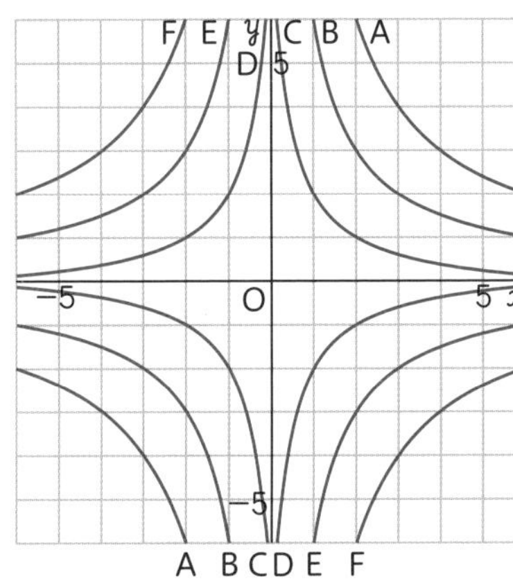
F E y C B A
D 5
−5
O
5 x
−5
A B C D E F

1 $y=\frac{12}{x}$ のグラフを左の図の A ～ F の中から選びなさい。

＿＿＿＿＿＿

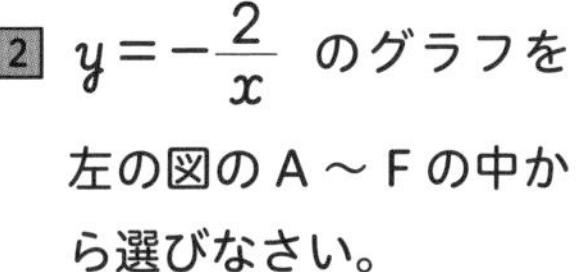

2 $y=-\frac{2}{x}$ のグラフを左の図の A ～ F の中から選びなさい。

＿＿＿＿＿＿

曲線，なかなかかくの難しい…。
点を結んで曲線をかくコツとかって何かあるの？

STEP 2 次の関数のグラフをかきなさい。

1 $y=-\frac{9}{x}$

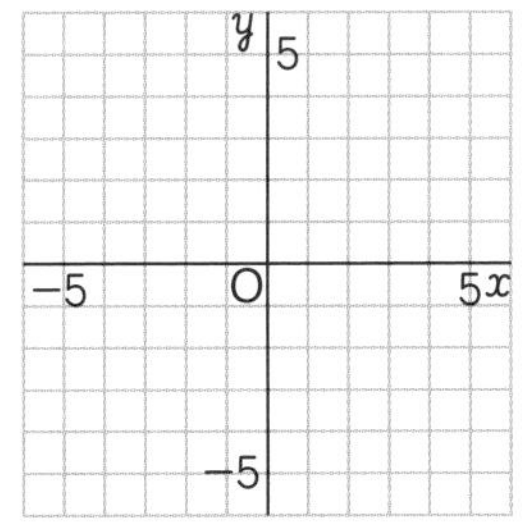
y
5
−5
O
5 x
−5

そうだね～。双曲線をかくときは，x 軸と y 軸を意識するといいよ！
それぞれの軸に沿うように，でもくっつかないように，ってかくと上手くいくから，一度やってみよう！

2年　1次関数とグラフ

傾きと切片ってどういう意味？

今日の一問

$y=-3x+5$ のグラフをかきましょう。

比例のグラフ…？ に見えるけど，「＋5」があるからちょっとちがうか…。
でも，表をかいて x と y の値をいくつか出して，つなげればグラフはかけるよね…？

かけるよ！ そうだね，先に式の説明をしようかと思ったけど，できそうならとりあえずグラフから見てみようか！ 下の問題をやってみよう～。

ROUND 1

「$y=2x+1$」の x と y の値の表

x	−3	−2	−1	0	1	2	3	…
y	−5	−3	−1	1	3	5	7	…

⇒

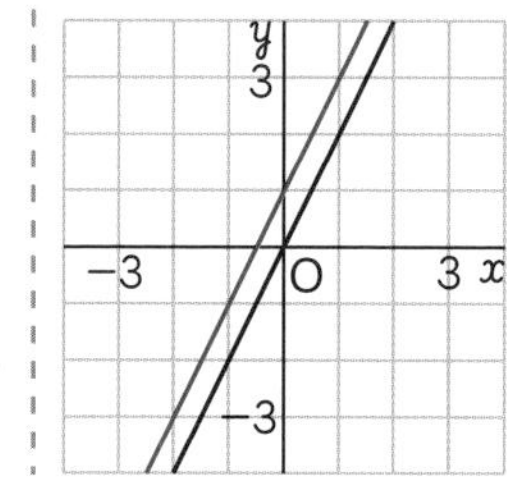

「$y=2x$」のグラフ（黒線）を y 軸方向（上の向き）に1移動させた直線になる！

原点は通らなくなったけど，直線であることは比例のグラフと変わらないね！

そうだね！ ちなみに，このグラフの「傾き」と「切片」はわかるかな？

「傾き」…？「切片」…？ 聞いたことがある気がするけど…！ 全然わからない！

そう見えたからあえて聞いてみたんだ（笑）。ちょっと意地悪なことをしちゃったね。
もうグラフはかけてるからいいんだけど，この「傾き」や「切片」は問題文に出てきたり，求める値として出てきたりすることが多いから，一緒に今から確認してみよう～。

ROUND 2

1次関数「$y=ax+b$」に対し，

a を 傾き ，b を 切片 という。

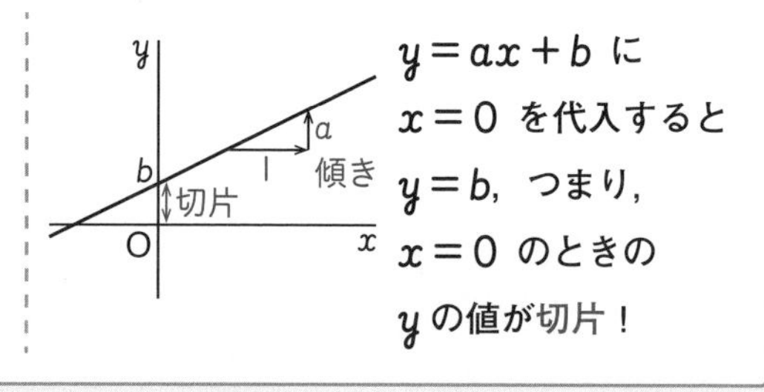

$y=ax+b$ に
$x=0$ を代入すると
$y=b$，つまり，
$x=0$ のときの
y の値が切片！

なるほどね！ え，じゃあさ，それこそ「$y=2x+1$」なら，「2」が傾きに，「1」が切片にそのままなる，ってことだよね…？ すごい単純だ！

はなまる！ 意味がわかっちゃえば難しい話じゃないでしょ？ じゃあ最後に，この「傾き」と「切片」も意識しつつ，「今日の一問」を解いてみよう～。

FINAL ROUND

$y=-3x+5$ のグラフは右図。

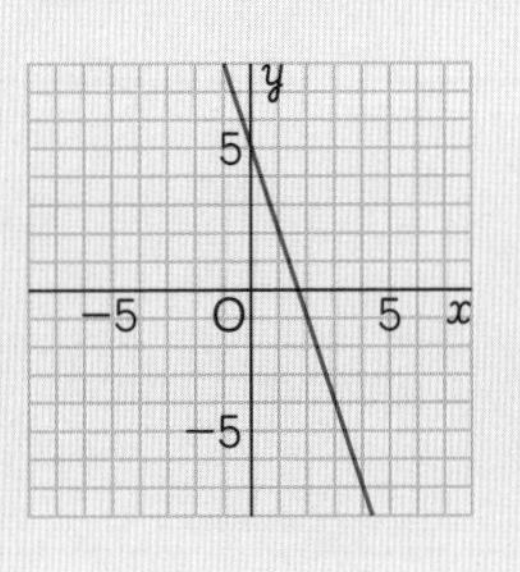

切片がわかると，そのグラフが通る１つの点がおさえられるから，グラフもかきやすくなるよ！

練習問題

解答解説 ▸▸ 別冊 20 ページ

STEP 1 次の１次関数の傾きと切片を求めなさい。

「$y=ax+b$」の形になってないと，どうしても難しく感じちゃうね！
ここでも，前に習った等式の性質が役立ってくるんだな～。

1 $y=4x-2$

傾き ＿＿＿＿ 切片 ＿＿＿＿

2 $2x+y=6$

傾き ＿＿＿＿ 切片 ＿＿＿＿

3 $x-3y=8$

傾き ＿＿＿＿ 切片 ＿＿＿＿

そうだね！ 数学は基本的に積み重ねの教科だからね！ 問題につまずいちゃったときは，前の学年の内容まで見直してみるといいこともあるよ！

STEP 2 次の１次関数のグラフをかきなさい。

1 $y=-2x-3$

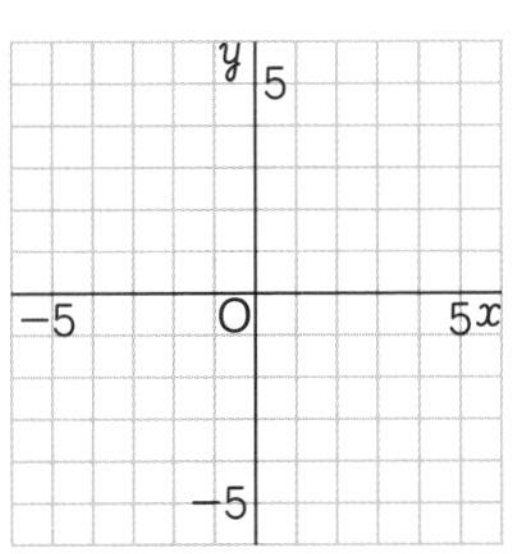

2年 グラフの式の求め方

グラフから式ってどうやって求めるの？

今日の一問

右の図の直線の式を求めましょう。

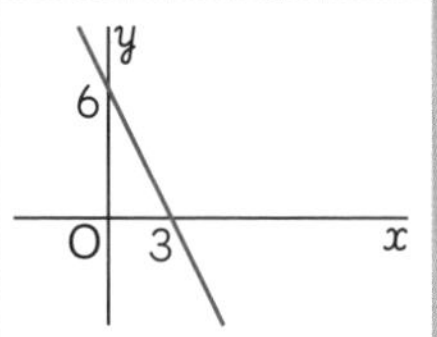

またグラフの問題だ…！ そもそも，直線の式を求める，って何をすればいいの…？

これも「1次関数」の問題だね！「1次関数」はp.110でやったとおりなんだけど，今回はグラフをかくんじゃなくて，逆にグラフを「$y=ax+b$」の形で表す問題になってるの！
まずは，この式を求める練習をしてみよっか！ 下の問題を見てごらん？

ROUND 1

1次関数 $y=ax+b$ のグラフが，
2点 $(2, 3)$，$(3, 5)$ を通るとき，
それぞれの座標を式に代入して

$$\begin{cases} 3=2a+b \\ 5=3a+b \end{cases}$$

これを解いて $a=$ 2，$b=$ -1

☆座標からグラフの式を求める
1次関数であれば，グラフが通る2点の座標がわかれば連立方程式によって式を求めることができる。

ほんとだ…！ まさか1次関数の問題で「連立方程式」を使うとは思わなかった…。

連立方程式はここから先もっと出てくるよ！ 数学は基本的にいろんな単元・項目がつながっているから，定期的にこうやって復習するようにしようね！

座標を代入して式を求めるやり方はわかったけど，肝心の座標がわからないとどうしようもなくない…？ このグラフ，マス目がないから座標がわかんない…。

果たしてそうかな?? この図を見てみて！

ROUND 2

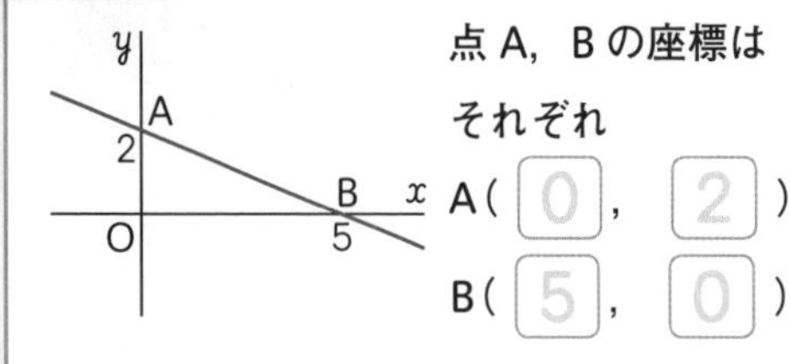

点A，Bの座標は
それぞれ
A(0 , 2)
B(5 , 0)

☆座標軸（x軸・y軸）上の点
x軸上の点→y座標が0
y軸上の点→x座標が0

あ，ほんとだ！ そっか，y軸ってx座標は0になるのか！ 忘れてた…。

x 軸上，y 軸上の座標はヒントになることが多いから，グラフを見たときにまず確認するようにしよう！ それじゃあ，このコツも利用して「今日の一問」を解いてみよう～。

FINAL ROUND

この直線は 2 点 (0，6)，(3，0) を通るので，求める直線の式を $y=ax+b$ とおくと，

$\begin{cases} 0+b=6 \\ 3a+b=0 \end{cases}$ これを解いて $\begin{cases} a=-2 \\ b=6 \end{cases}$

より，求める式は $y=-2x+6$

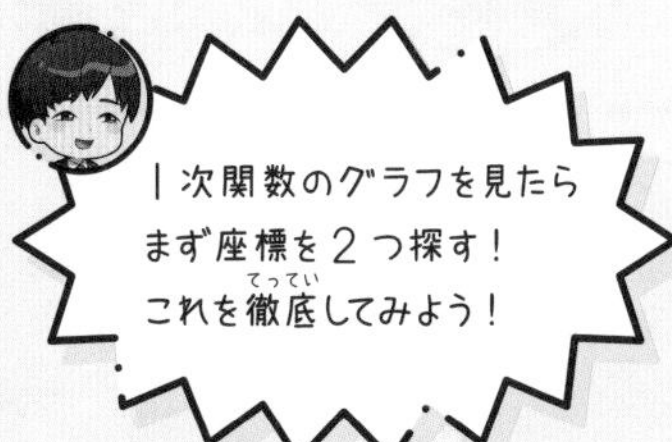

1次関数のグラフを見たら
まず座標を2つ探す！
これを徹底(てってい)してみよう！

練習問題

解答解説▶▶別冊 21 ページ

STEP 1 次の図の直線の式を求めなさい。

1

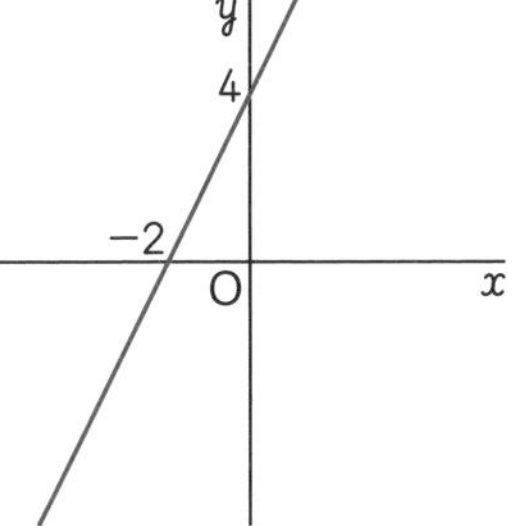

グラフが y 軸と交わる点の座標を「$y=ax+b$」に代入すると，$x=0$ だからそのまま b の値(あたい)になるよね！ だから計算が楽でありがたいんだよね。

STEP 2 次の図の直線の式を求めなさい。

1

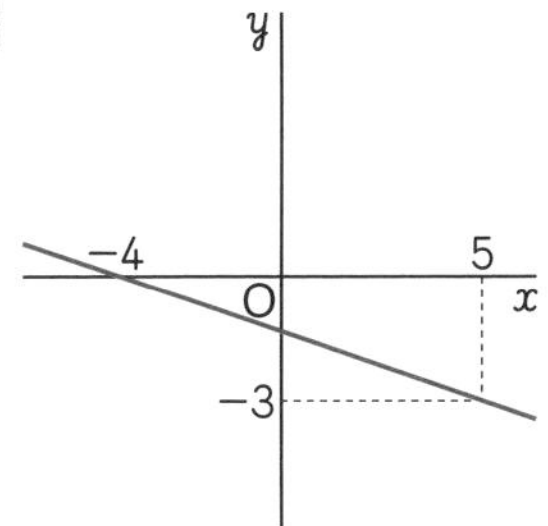

めちゃくちゃいいところに気がついたね！ もともと「切片(せっぺん)」ということばは，座標軸を横切る直線の意味から来ていて，その横切った場所の y 座標を切片としているんだよ！ ぜひ覚えておこう。

2年　交点の座標の求め方

2直線の交点の座標ってどう求めるの？

今日の一問

次の2直線①②の交点の座標を求めましょう。

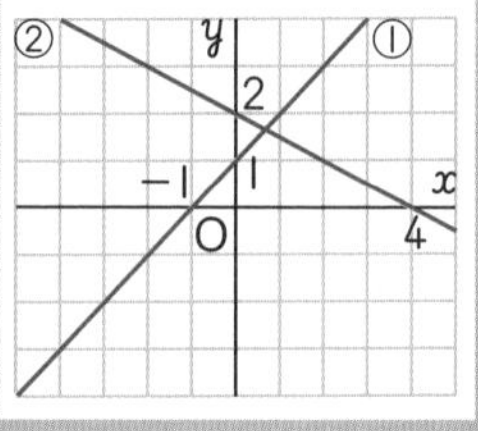

うーーー，これどうすればいいんだろう…。せっかくマス目があるのに！　マス目の間のところに交点があるから読み取れない…。

お，ついに交点の座標を求める問題まで来たんだね～。実はこの問題を解くときも，37 p.112でやった「直線の式を求める」スキルが必要になるんだよ！

この2つの直線の式を両方求めるってこと…？　嫌だよ～，1つですら大変なのに～。

…じゃあ一緒にやろっか！　今回はこの問題自体を一緒に解いていこう！

ROUND 1

①は2点(−1，0)，(0，1)を通るので，直線①の式は

②は2点(0，2)，(4，0)を通るので，直線②の式は

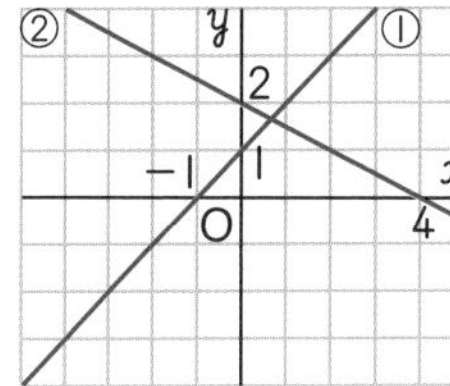

☆座標からグラフの式を求める（復習）p.112
1次関数であれば，グラフが通る2点の座標がわかれば連立方程式によって式を求めることができる。

ふう…。なんとか2つの式は求められたよ。ここからはどうするの？

「交点」ということは，この2つの直線の両方がその点を通る，ということだよね。てことは，その交点の座標を(a, b)などでおくとどうなる…？

えっと…。あ！　そうか，この2つの式を連立することができるのか！

はなまる！　てことはその**連立方程式を解けば交点の座標は求まる**よね！

やり方はわかったかも！　でも，やっぱ不安だから，一緒に解いてもらってもいい？

いいよ！ この問題は最後まで一緒にやってみることにしよう〜。

FINAL ROUND

求める交点の座標を (a, b) とおくと，ROUND 1 で求めた2式により

$$\begin{cases} b=a+1 \\ b=-\frac{1}{2}a+2 \end{cases}$$ の連立方程式が成立する。

これより $a+1=-\frac{1}{2}a+2$

これを解いて $a=\frac{2}{3}$ $b=\frac{5}{3}$

より求める座標は $\left(\frac{2}{3}, \frac{5}{3}\right)$

この (a, b) は (x, y) をおきかえているだけだから，x と y の式をそのまま連立しても座標を求められるよ！

練習問題

解答解説▶▶別冊 21 ページ

STEP **1** 次の問いに答えなさい。

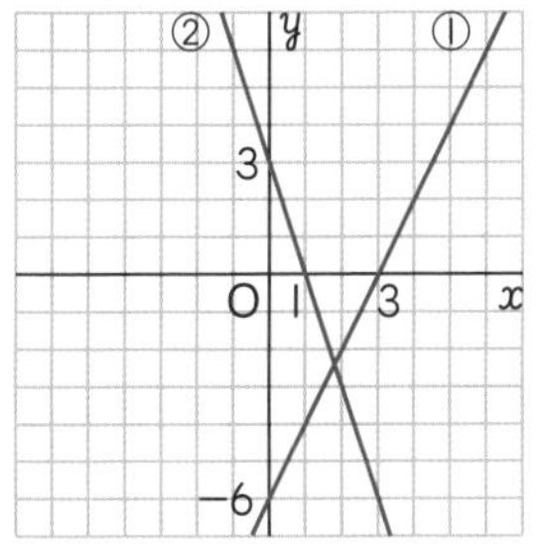

1 ①，②の直線の式をそれぞれ求めなさい。

① ＿＿＿＿＿＿　② ＿＿＿＿＿＿

2 ①，②の交点の座標を求めなさい。

＿＿＿＿＿＿

交点の座標を求める問題だけど，グラフの式を求めたり，連立方程式を解いたり，いろんなことしなきゃいけないんだねえ…。大変だ！

そうだね〜，その分やっぱり計算ミスが多くなりがちだから，それぞれの計算ごとにこまめに確認するようにしよう！

3年　y が x の２乗に比例する関数

放物線ってどんなグラフのこと？

今日の一問

$y=-x^2$ のグラフをかきましょう。

ついにグラフに「x の２乗」が出てきた…！　これも同じように表をつくって座標をいくつか出して，結んでいけばいいの？

基本はそうだね！　そうするとグラフのだいたいの形がわかると思うから，まずはいちばんシンプルな例を挙げて，「y が x の２乗に比例する関数」について見てみよう～。

$y=x^2$ の表とグラフ

x	−2	−1	0	1	2
y	4	1	0	1	4

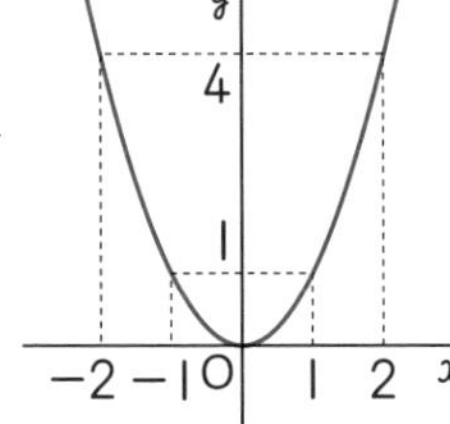

☆ y が x の２乗に比例する関数

$y=ax^2$　a：比例定数

x が２倍，３倍，…になると，y は４倍，９倍，…になる。

係数が出てくる形は，「$y=ax$」のときと似ているね！　でも，２乗になると直線じゃなくて曲線になるんだね～。

そうだね！　ちなみに，この**「$y=ax^2$」のグラフを「放物線」という**から覚えておこう！　次は，a が１ではないパターンを確認してみよう～。

$y=2x^2$ の表とグラフ

x	−2	−1	0	1	2
y	8	2	0	2	8

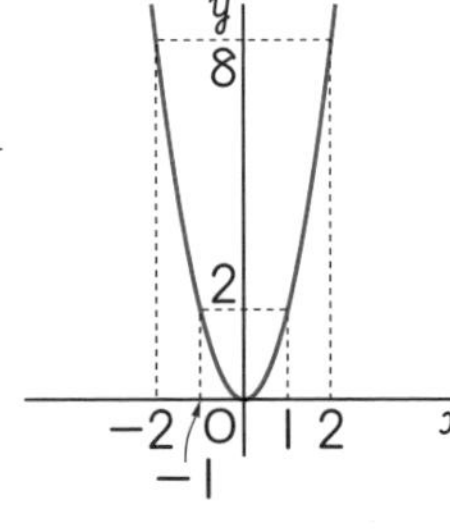

☆ $y=ax^2$ のグラフの特徴

① 原点を通る。
（$x=0$ のとき $y=0$）

② y 軸に関して対称な曲線である。

形はさっきとほぼ一緒だね！　ちょっと細長い感じ，になった？　のかな。

「$y=ax^2$」の係数「a」の値にかかわらず，**原点を通り，y 軸に関して対称な曲線**になるよ！　あとはヒロトくんの言うとおり，放物線の「開き具合」が変わるだけだね。

FINAL ROUND

$y=-x^2$ の表とグラフ

x	−2	−1	0	1	2
y	−4	−1	0	−1	−4

「$y=ax^2$ ($a>0$)」のグラフを「下に凸(とつ)」
「$y=ax^2$ ($a<0$)」のグラフを「上に凸」ということもあるから覚えておこう！

練習問題

解答解説 ▶▶ 別冊 22 ページ

STEP 1 次の放物線のグラフをかきなさい。

1 $y=3x^2$

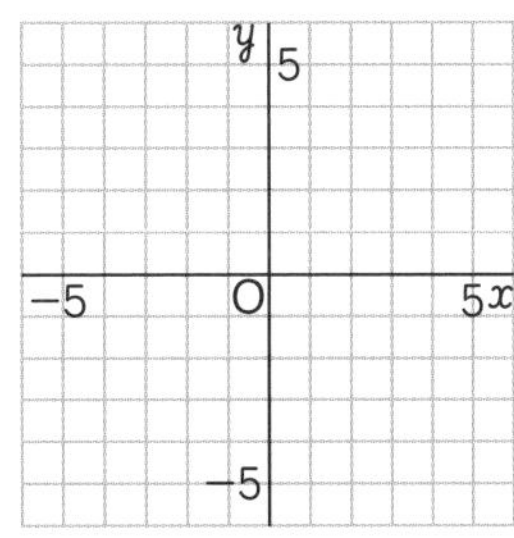

2 $y=-2x^2$

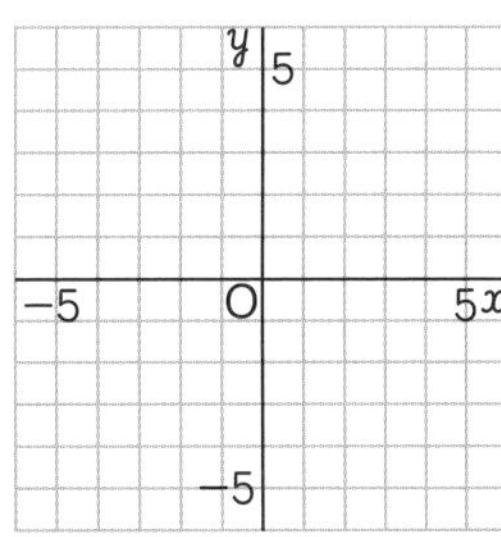

1 $y=-\frac{3}{2}x^2$

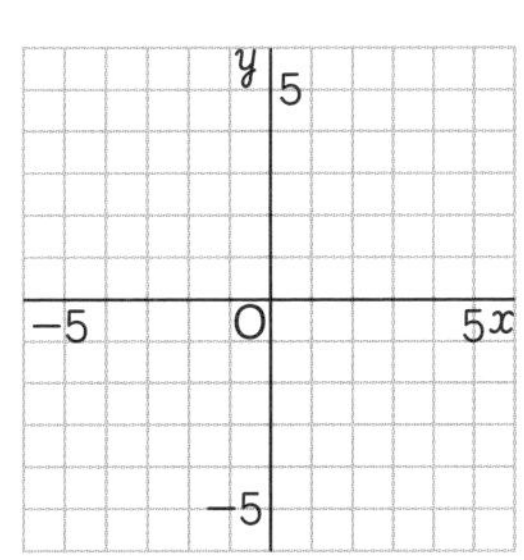

反比例(はんぴれい)のグラフの問題のときも思ったけど，座標を結んで曲線をかくのって思っている以上に難しいんだよね…。

実は先生もヘタクソだよ(笑)。
最初のうちは細かく座標をとって，慣れてきたら少しずつ減らしていくといいかも！

なんで放物線って名前なんだろう？

「放物線」という名前の由来，説明できる？

さて今回は，「放物線」という名前の由来について考えてみよう！

そもそも「放物線」ってのが何なのかまだよくわかってないけど…。「放物」ってのは，「物を放出する」ってこと，なのかな…？

ぼくもそう思った！「物を放つ」で「放物」だよね。でも，ぼくの知ってる放物線のグラフは全然そういうふうには見えないんだよなぁ…。

お，２人ともいい線いってるね～。「物を放つ」で「放物」という考え方は合っているよ！ ちなみに，「物を放つ」ってどんなイメージをもってる？

えっと…。ふつうに高いところからボールを落とす，とか??

あ，そっちか！ ぼくはボールで考えるなら，落とすというより投げるイメージだったな。それこそキャッチボールで相手に投げるみたいな感じ！

ヒロトくんが近いかも！ そうやってボールを投げると，最初は高さが上がっていくけど，最終的には自分の胸の高さまで戻ってくるよね…？
さて，これをふまえてこの「$y=-x^2$」のグラフをもう一度見てごらん…？

TIPS　ハイレベル

放物線「$y=-x^2$」

x	−2	−1	0	1	2
y	−4	−1	0	−1	−4

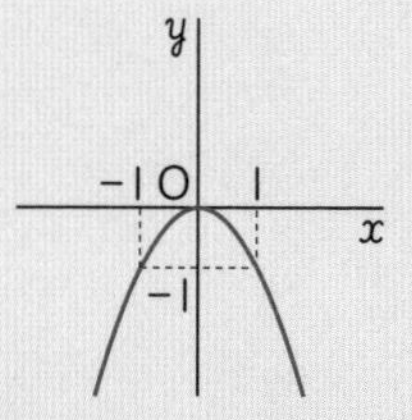

☆放物運動

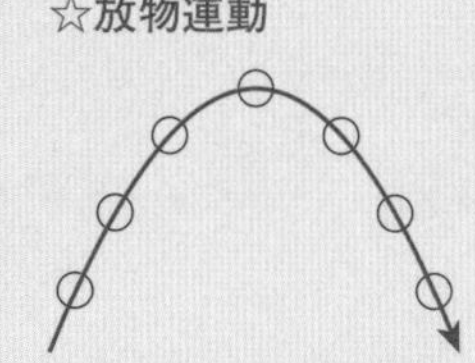

ななめに投げ上げた物体が重力によって左のような軌道を描く。
→これが「放物線」！

うわ，ほんとだ!! まさにキャッチボールの軌道だ…！ まさか係数がマイナスのほうのグラフが由来になってるとは…。盲点だったなぁ。

確かに，ふつうは「$y=x^2$」の形だと思うよね！ でも，プラスでもマイナスでも，この「物を放つ」形自体は同じだから，全部くくって「放物線」とよんでいるんだね。
ちなみに，ボールを落としたり投げたりする「放物運動」は，今みんなが学んでいる「理科」の一部がレベルアップした「物理」という科目で，高校生になったら勉強するよ！
そのときに，今日習った「放物線」をぜひ思い出してみてね！

Q&A 11

塾(じゅく)に行ったほうがいいの？

ヒロト

こーさく先生，塾ってやっぱり行ったほうがいいのかな？

こーさく先生

ヒロトくんが行ったほうがいいと思うなら行ってもいいけど，塾に行くこと自体が目的にならないように気をつけたほうがいいね。

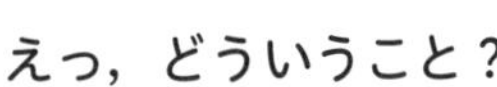

本来の目的は，成績を上げて志望校に合格することだよね。
「塾に行く＝成績が上がる」ってわけじゃないから，行くにしても行かないにしても，自分ががんばらなければ成績は上がらないよ。

学校の授業のほか，自分で用意した参考書や問題集をやる時間とのバランスをよく考えよう。
自分で勉強することができれば，必ずしも塾にまで時間を取られる必要はない。
みんなが行っているからなんとなく行くっていうだけなら，時間がもったいない気がするよ。

なるほど

COMMENTS

いっせー先生

塾でほかの人と話せるというのは，とても重要な要素だと思うんだ。自分以外の人の意見や自分の学校以外の人と語るというのは大切なポイントだと思うので，それもあわせて考えてみてね！

3年 $y=ax^2$ とグラフ

放物線の式ってどう求めるの？

今日の一問

右の放物線について，y を x の式で表しましょう。

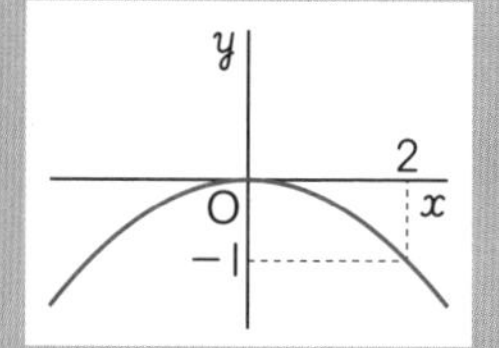

これって放物線だよね！ このグラフの式を求めるってことか。
やることはわかるんだけど，放物線ってどれも同じような形をしているじゃん？ だから，どうすれば式が求まるのかがよくわかってないんだよね…。

放物線なのは正解だよ！ 確かに形は一緒だけど，ちょっとずつグラフの「開き具合」39(p.116)が変わってくるんだ。まずはこれを見てごらん…？

ROUND 1

$y=2x^2$ のグラフは ① 番

$y=\frac{1}{3}x^2$ のグラフは ② 番

☆ $y=ax^2$ のグラフ
x^2 の係数 a の絶対値が大きくなればなるほど，グラフの開き具合は小さくなる(細長いグラフになる)。

ほんとだ…！ なんか大きくグラフが開いてるほうが係数も大きいのかな？ って思ってたけど，y の値が大きくなるって考えると，逆に開き具合は小さくなっていくのか。

そうなるね！ たとえば「$y=3x^2$」だと，$x=2$ のときにすでに $y=12$ になるからね。$x=1$，2，3… となっていったときに，y の値が急激に変化することがわかるよね。
さて，係数によるグラフの変化がわかったところで，実際にグラフ上の点の座標を使って式を求めるやり方を見ていこう！

ROUND 2

放物線なので，$y=ax^2$ とおくことができる。ここで点 (2，6) を通るので
$6=a\times2^2$
これを解いて
$a=\frac{3}{2}$ より，$y=\frac{3}{2}x^2$

☆放物線「$y=ax^2$」
未知数が「a」の1種類なので式は1つでOK！
☆1次関数「$y=ax+b$」
未知数が「a，b」の2種類なので式が2つ必要！

ここは式1つだけでいいのか！ もしかすると，1次関数よりも楽かも…？

そうだね！ 必ず原点を通る放物線が問題になっているから，x の 2 乗の項の係数 a だけを求めればいいよ！ じゃあこの調子で，「今日の一問」にいってみよう～。

FINAL ROUND

放物線なので $y=ax^2$ とおける。

ここで，点 (2，−1) を通るので

$-1=a\times2^2$

これを解いて

$a=$ $-\frac{1}{4}$ より，$y=$  $-\frac{1}{4}x^2$

放物線は y 軸に関して対称だから，式に代入する座標は (2，−1) でも (−2，−1) でも OK だよ！

練習問題

解答解説▶▶別冊 22 ページ

STEP 1 次の問題に答えなさい。

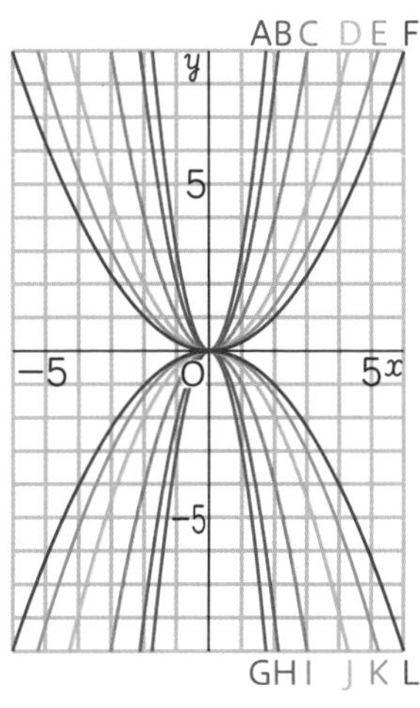

1 「$y=\frac{1}{2}x^2$」のグラフを，左の図の A ～ L の中から選びなさい。

2 「$y=-x^2$」のグラフを，左の図の A ～ L の中から選びなさい。

3 「$y=-3x^2$」のグラフを，左の図の A ～ L の中から選びなさい。

うおおおお～！ さすがにグラフが 12 本もあると，なんか迫力があるね(笑)。でも，どれがどのグラフなのかわからなくなるな，これは難問だぞ…。

確かにね(笑)。目がクラクラしてきちゃうよね！ こういうときは，どのグラフがどの座標を通っているのかメモしながらやるようにすると，ミスを減らすことができるよ！

STEP 2 1 次の放物線について，y を x の式で表しなさい。

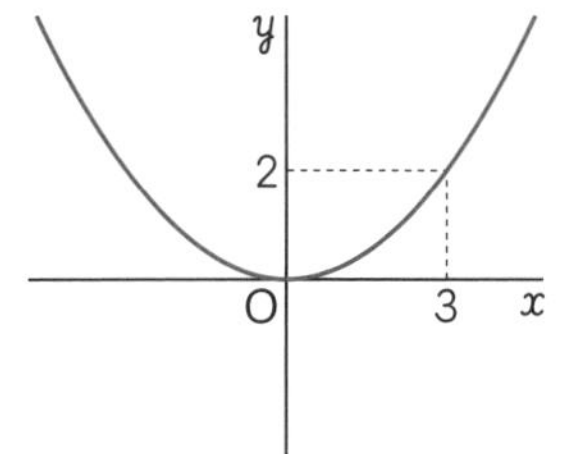

3年 放物線と直線の交点

放物線と直線の交点ってどう求めるの？

今日の一問

右の図の点 A，B の座標をそれぞれ求めましょう。

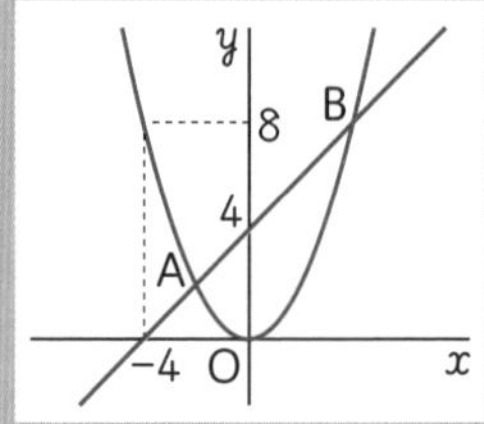

むずい…。どうやって座標を求めていけばいいのか，見当がつかないぞ…。

そうだね〜。この PART のラスボスみたいな問題だから，焦る必要はないよ！
直線どうしの交点を求めたときと同じように，まずはこの 2 つのグラフの式を求めることが重要になるね。一緒にやってみようか！

ROUND 1

直線は 2 点
$(-4, \ 0), (0, \ 4)$
を通るので，式は

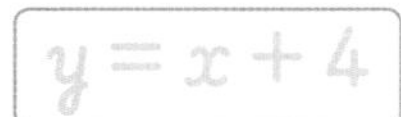
$y = x + 4$

放物線は，原点と点 $(-4, \ 8)$ を通るので，式は

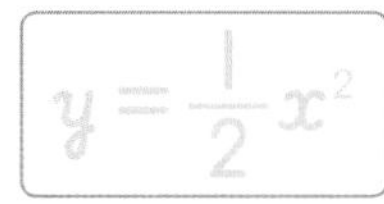
$y = \frac{1}{2}x^2$ となる。

☆式の求め方（復習）

直線：「$y = ax + b$」とおき，通る 2 点の座標をそれぞれ代入して a，b を求める。

放物線：「$y = ax^2$」とおき，通る点の座標を 1 つ代入して a を求める。

なんとか求まった…！ 正直求め方を忘れかけてたから，ちゃんと復習しなきゃ…。

この ROUND 1 でつまずいちゃったときは，37 (p.112) と 40 (p.120) に戻ってグラフの式の求め方をおさらいするようにしよう！
さて，ここから先の流れは，鋭いヒロトくんならもうわかるよね…？

えっと…。**交点の座標を $(a, \ b)$ とおいて，2 つの式を連立する**，だよね？
でも今回って交点が 2 つあるじゃん？ てことは 2 つおかなきゃいけないってこと…？

いや，それは 1 個で大丈夫！ 実は今回は 2 次方程式になるから，a と b の値が 2 組出てくるんだ！ 今から一緒に最後までこの問題を解いて，答えを確認してみよう〜。

ROUND 2 & FINAL ROUND

求める座標を $(a,\ b)$ とおくと，ROUND 1 で求めた 2 式より

$$\begin{cases} b=a+4 & \text{—①} \\ b=\frac{1}{2}a^2 & \text{—②} \end{cases}$$

の連立方程式が成立する。

これより $a+4=\frac{1}{2}a^2$

$(a+\boxed{2})(a-\boxed{4})=0$ より $a=\boxed{-2},\ \boxed{4}$

これを式①に代入すると

$a=\boxed{-2}$ のとき $b=\boxed{2}$，$a=\boxed{4}$ のとき $b=\boxed{8}$ より

求める座標は　A$(\boxed{-2},\ \boxed{2})$，B$(\boxed{4},\ \boxed{8})$

この問題は解が 2 つできるから，図を見てどちらが A，どちらが B の座標に対応するかを確認しよう！

練習問題

解答解説 ▸▸ 別冊 23 ページ

STEP 1 次の問いに答えなさい。

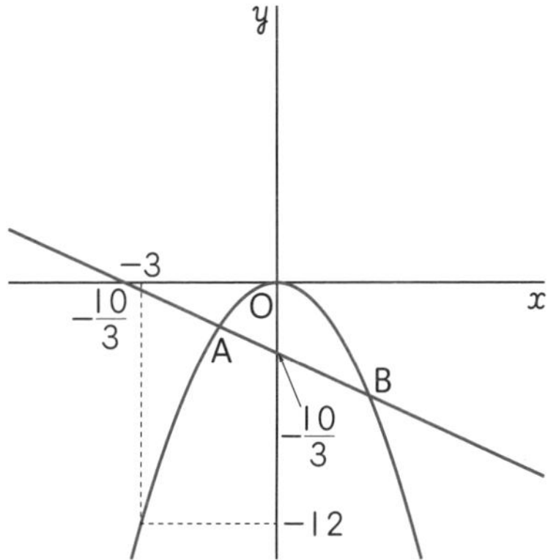

交点の座標が 2 つ出てきたら，実際の図・グラフを見てどっちの値がどっちの交点に対応するかを決める，ってことだよね？

1 直線の式と放物線の式を求めなさい。

直線 ＿＿＿＿＿＿　放物線 ＿＿＿＿＿＿

そういうこと！ 最後はグラフを利用して求めることになるね！
今回はあらかじめ図がかかれているけど，自分でかく場合もあるので交点の座標にはとくに注意をしよう！

2 図の 2 点 A，B の座標を求めなさい。

A ＿＿＿＿＿＿　B ＿＿＿＿＿＿

Q&A 12

受験生におすすめの体の整え方は？

こーさく先生，机に座って勉強ばかりしていたら，運動不足にならないかな？何か簡単にできる運動ってないの？

ナナミさん，それならストレッチがおすすめ！起床後とお風呂あがりに必ず行うといいよ。

どうやるの？

ラジオ体操とか，体育の準備運動でやったようなもので十分。開脚や前屈のほか，体をねじったり，アキレス腱を伸ばしたり。
5分くらいかけて，体全体をゆっくり伸ばしていこう。頭をマッサージするのもおすすめ。ストレッチは体をほぐすだけでなく，リラックス効果もあっていいよ。

ストレス解消になりそう！やってみるね。

COMMENTS

ラジオ体操，いいね！ こーさく先生も言ってるような運動をすると，身体がシャキッとするからいいよね。やっぱり勉強だけしててもおもしろくないし，体もにぶってくるから，たまには体を動かすほうが健康的でいいと，ぼくも思うよ。

4章 図形

この章では，平面図形と空間図形について扱うよ！ この章を学ぶと，世の中にあるさまざまなものの大きさや形がわかるようになるんだ。また，いろんな図形の関係も理解できるから，日常生活に大きく役立つよ！ 常に図形のイメージをして解き進めよう！

KOSAKU

図形は私けっこう好き！この章は全問正解目指すぞ〜。
私は図を描くのが苦手なんだよな〜。これを機会に特訓するぞ！

1年　円周率の定義

πって何のこと？

今日の一問

半径 3 cm の円について，円周の長さと面積をそれぞれ，π を使って表しましょう。

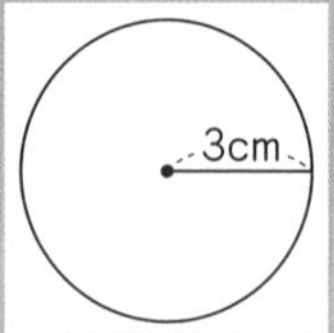

円周と面積の問題だ！ それ自体は小学生のころにやったからなんとなく覚えてるんだけど…。「π を使って表す」ってどういうこと…？ そもそも，「π」ってなんだっけ？

そう！ 円については，小学校でも学習したね！ もしあいまいになっちゃってたら，復習してみよう。ちなみに，小学生のときはどうやって計算してた？

円周の長さは，円の直径に 3.14 って数をかけてたはず！ 面積は忘れちゃった…。

円周の長さの求め方は合ってるよ！ その「3.14」というものが，中学生からは「π」という文字を使って表されるようになるんだ！ これを見てごらん…？

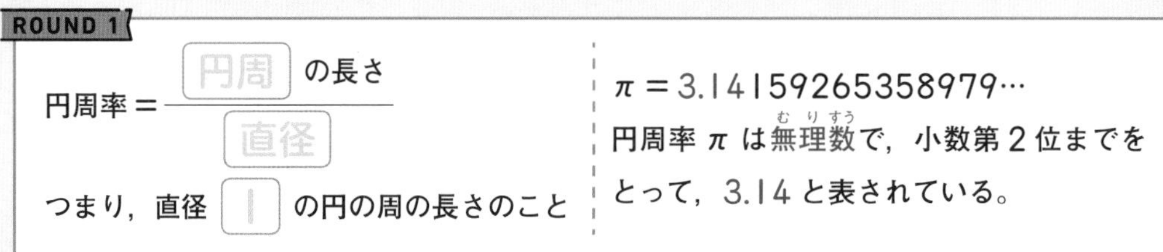

ROUND 1

円周率＝$\frac{\text{円周の長さ}}{\text{直径}}$

つまり，直径 1 の円の周の長さのこと

π＝3.14159265358979…

円周率 π は無理数(むりすう)で，小数第 2 位までをとって，3.14 と表されている。

なるほど…！ じゃあ数字が文字になっただけで，計算方法自体は変わらないね。むしろ，「3.14」のかけ算今まで大変だったから，楽にできてうれしいくらいだ！

そうだね！ じゃあ改めて，円周の長さと面積の求め方をおさらいしよう～。

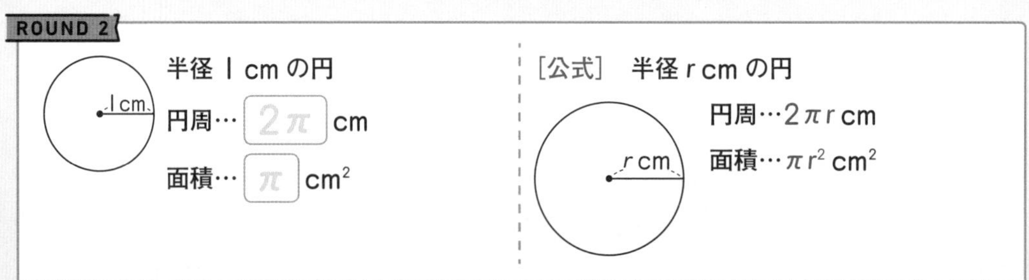

ROUND 2

半径 1 cm の円

円周… 2π cm

面積… π cm^2

［公式］ 半径 r cm の円

円周…$2\pi r$ cm

面積…πr^2 cm^2

思い出した！ **面積を求めるときは，半径を 2 乗(じょう)する**んだったね。あ，あと，1 つ思ったんだけど，半径はなんで「r」って書いてるの？ いつもみたいに「a」とかにしないの？

鋭(するど)いねえ。この「r」は，英語で半径を表す「radius」の頭文字から来ているよ！
ほかにも英語表記から記号が決まっているものがあるから，それぞれの記号はどんな意味があるのか興味をもってみるといいね。じゃあ，「今日の一問」，いってみよう！

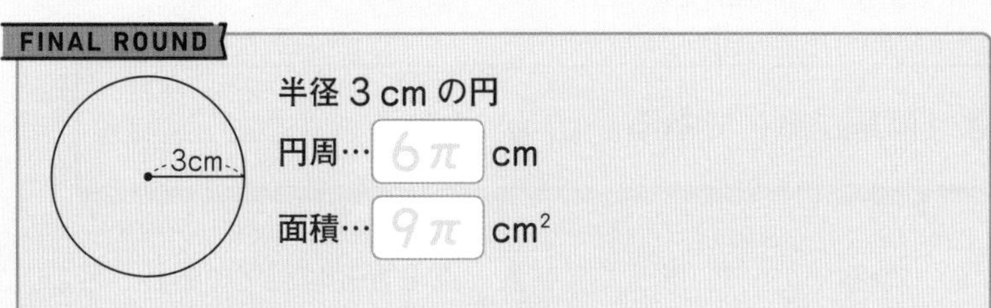

FINAL ROUND
3cm
半径 3 cm の円
円周… 6π cm
面積… 9π cm²

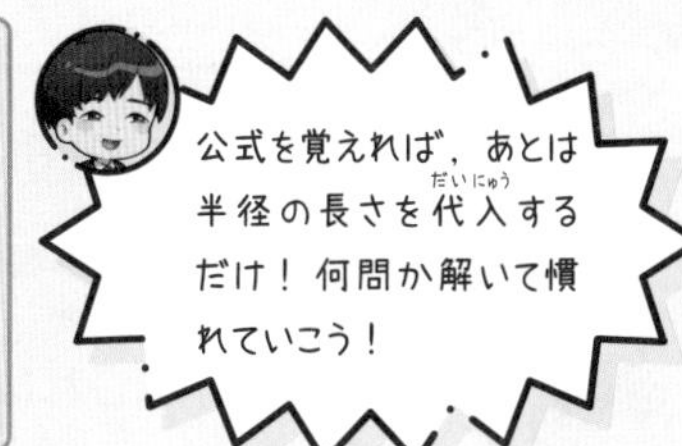

公式を覚えれば，あとは半径の長さを代入(だいにゅう)するだけ！ 何問か解いて慣れていこう！

練習問題

解答解説 ▸▸ 別冊 23 ページ

STEP 1 次の円について，円周の長さと面積をそれぞれ π を使って求めなさい。

1 2cm

円周 ＿＿＿＿ 面積 ＿＿＿＿

うおお〜！「3.14」の計算がなくなると，めちゃくちゃ楽になるね！「3.14×8」とか，気を抜(ぬ)くとすぐにまちがえちゃうから大変だったんだよ〜。

2
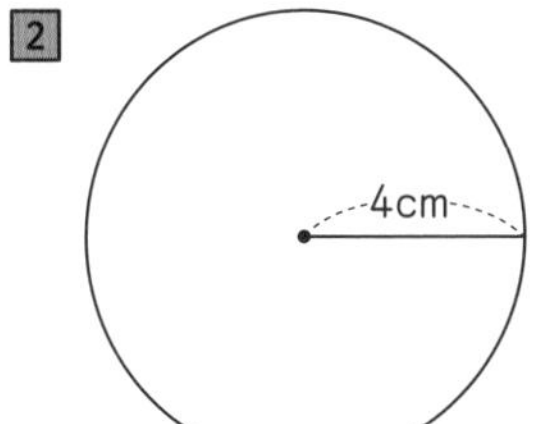

円周 ＿＿＿＿ 面積 ＿＿＿＿

まちがいないね！ ただ，答えの見当をつけたり，検算に使用したりするためにも，「$\pi = 3.14\cdots$」であることはこれからも忘れないようにしよう！

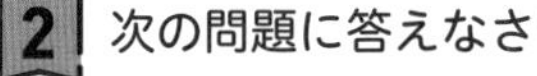

STEP 2 次の問題に答えなさい。

1
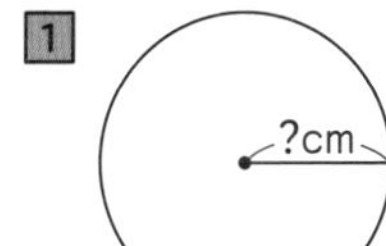

周の長さが 10π cm の円があるとき，その円の半径と，面積をそれぞれ求めましょう。

半径 ＿＿＿＿ 面積 ＿＿＿＿

直線ってそもそもどういうもの？

右の図は「直線 AB」である。〇か×か？　A────B

え…？　さすがにこれは〇じゃないの…？　だって，点 A と点 B が結ばれているし，どこからどう見てもまっすぐだし…。

これは〇でしょ！　いつもこーさく先生のクイズは×ばっかりだから，そろそろ〇のやつ持ってきてみんなを惑(まど)わしにきたんだよ〜。

ナナミさん残念！　これも×でした！

えーーー!!　なんだ，また×じゃん！　だまされた〜。

だまされてはないでしょ(笑)。でも，じゃあこれってなんていうんだろ？

実はこのような線のことを，「線分 AB」というんだよ！　この「線分」ということばはあまり聞いたことがないと思うから，直線とのちがいと合わせて説明するね！

TIPS　ハイレベル

線分…2 点を結ぶまっすぐな線
直線…無限に続くまっすぐな線
半直線…片側のみが無限に続くまっすぐな線

線分 AB　A────B
直線 AB　──A────B──
半直線 AB　A────B──

なるほど…。じゃあ，今まで私が勝手に「直線」だと思い込(こ)んでいたものも，「線分」や「半直線」だったかもしれないってことか。

そうかもしれないね！　ちなみに，この「直線」の考え方を理解できると，1 つ納得できることがあるんだ。ナナミさん，最近君はぼくに，グラフの問題で何を言われてた…？

えっと…。毎回毎回，「点どうしをつなげるだけじゃなくて，定規を使って範囲(はんい)いっぱいまでグラフを伸(の)ばしましょう」って言われてたな，ごめんなさい…。

謝らなくていいよ！　でも，それがとても大事なことでね。今説明したとおり，点どうしを結ぶだけだと「線分」になっちゃうの。グラフは点の集合で，その点はどれだけ値(あたい)が大きくなっても存在するから，かくときは「線分」ではなく「直線」で表す必要があるの！

なるほど！　それがわかると，グラフを最後までちゃんと伸ばそうと思えるね！

これを機に，グラフの問題ももう一度解き直してみよう〜。

Q&A 13 激しく落ち込んだとき，どうやって立ち直った？

こーさく先生，勉強でも，それ以外のことでも，激しく落ち込んだことってある？

もちろん，あるよ。
ナナミさん，さては今，落ち込んでいるんだね？

そうなんだ。
どうしたら立ち直れると思う？

落ち込んだことからいったん離れるのが重要だよ。そうしないと，ぐるぐる同じことを考えてしまうから。まったく関係ないことを考えて，いったん，気持ちを切り替えたほうがいいよ。

たとえば，自分の未来を想像したり，これからやりたいことを考えたり……。
または，近々ある楽しみなことを考えるのもいいね。
そういうものがないときは，つくっちゃえ！
ぼくの場合は，一人旅をするのもアリだなあ。

COMMENTS

ぼくも何年か前，ものすごく落ち込んだことがあるんだ。ぼくの場合は立ち直るのに「時間」はかかったけど，それでも「時間」が解決してくれた。そしてつらかった時間も，自分をとても成長させてくれたから，今ではよかったと思ってるよ！

1年 おうぎ形とは

おうぎ形の面積ってどう求めるの？

今日の一問

右の図のおうぎ形の弧（こ）の長さと面積を求めましょう。

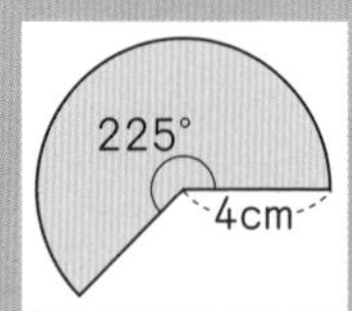

あ，これ知ってる！ えっと，「おうぎ形」，だよね…？

メイさん大正解！ 扇（おうぎ）の形をしているから，そのまま名づけられているね。じゃあそのまま弧の長さと面積まで求めてみちゃおっか！

待って待って！ 形は知ってるけど，そもそも「弧の長さ」がよくわかってないよ！

ごめんごめん(笑)。そうだね，まずは「おうぎ形」とは何か確認してみよう！

ROUND 1

半径 r，中心角 $a°$ のおうぎ形の

弧の長さ ℓ は　$\ell = 2\pi r \times \dfrac{a}{360}$

面積 S は　$S = \pi r^2 \times \dfrac{a}{360}$

2つの半径（OA，OB）によってつくられる角を中心角という。

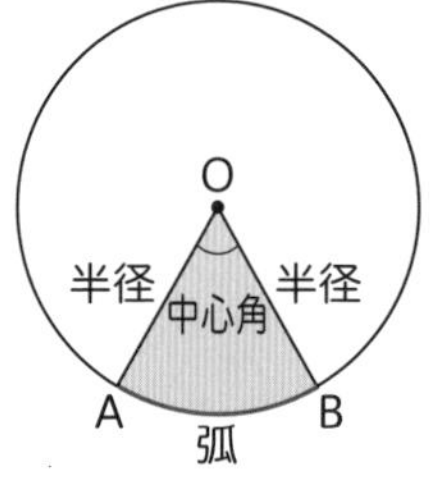

中心角の大きさがわかれば，あとは円の周の長さや面積に割合をかければいいだけ，ってことか！ え，中心角の大きさがわからない意地悪なパターンはない，よね…？

うーん…。あるかも(笑)。でも，そんな難しいことじゃないよ！ たとえば，ピザを6等分したら，1切れごとの中心角の大きさはいくつになると思う？

え，1切れごとの，ってどういうこと…？ ダメだよくわかんない…。

急に言われても難しいよね！ じゃあ一緒（いっしょ）に確認してみよう〜。

ROUND 2

円形のピザを6等分すると，1切れごとの中心角の大きさは 60° である。

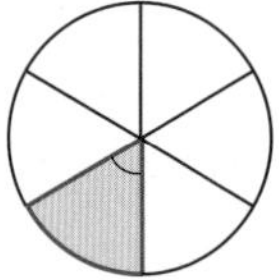

全体が360°であるため，2等分なら180°（半円），3等分なら120°，4等分なら90°（直角）となる！

これ面白いな！ 今度ピザを食べるときに確かめてみよっと！

正確に切れるといいね〜。それじゃあ，「今日の一問」に挑(いど)んでみよう！

FINAL ROUND

弧の長さを ℓ cm，面積を S cm² とおくと，

$\ell = 2\pi \times 4 \times \frac{225}{360} = 5\pi$ (cm)

$S = \pi \times 4^2 \times \frac{225}{360} = 10\pi$ (cm²)

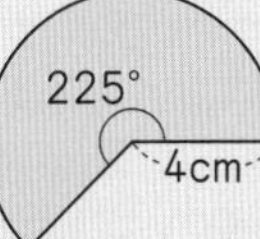

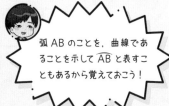

弧 AB のことを，曲線であることを示して $\overset{\frown}{AB}$ と表すこともあるから覚えておこう！

練習問題

解答解説 ▶▶ 別冊 24 ページ

STEP 1 次のおうぎ形の弧の長さと面積を求めなさい。

360°に対して中心角が何度かの割合をかけ算する，ってことはわかったけど，その計算がなかなか大変だ…。

1

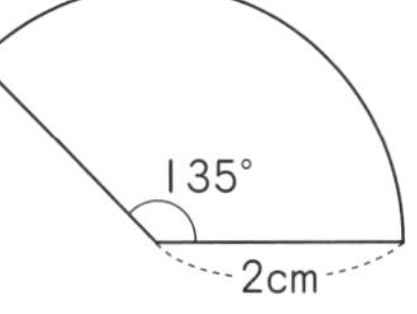

弧の長さ ＿＿＿＿＿＿ 面積 ＿＿＿＿＿＿

2

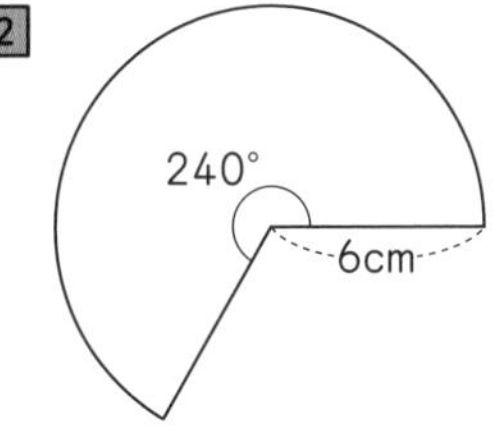

弧の長さ ＿＿＿＿＿＿ 面積 ＿＿＿＿＿＿

STEP 2 次の問題に答えなさい。

1 右のおうぎ形の弧の長さが 5π cm であるとき，中心角 $a°$ の大きさを求めなさい。

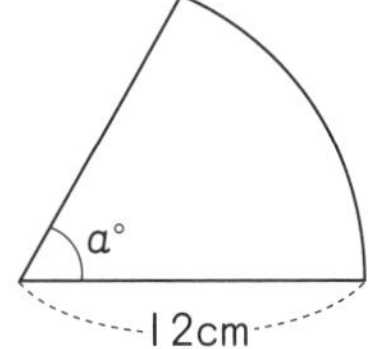

＿＿＿＿＿＿

数が大きくなるとどうしてもミスはつきものになるよね〜。角度は 5 の倍数や 10 の倍数になっていることが多いから，まず 5 でわってみる，のようなくふうをしてみるといいよ！

2年　対頂角（たいちょうかく）

対頂角ってどこの角のこと？

今日の一問

右の図の角 ∠A，∠B の大きさをそれぞれ求めましょう。

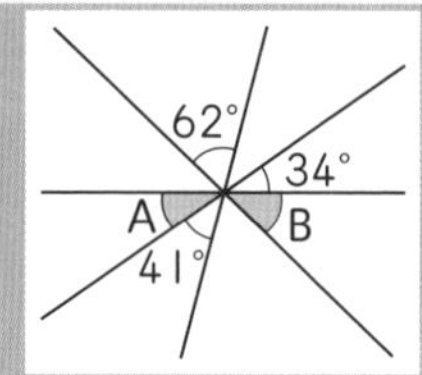

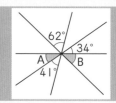

え…？ これってほんとに求められるの？

これが求められちゃうんだよねえ。これは「対頂角」の問題だよ！
「対頂角」と聞いて，どこの角のことだと想像する…？

うーーん。頂点の頂の字が入っているから，頂点にある角のこと？

おしい！ まず「対頂角」を理解できると，この問題の角度を求める第一歩になると思うから，この「対頂角」についてからおさらいしてみよう～。

ROUND 1

対頂角…2つの直線が交わるときに 向かい合う 1組の角のこと。

対頂角の大きさは 等しい 。

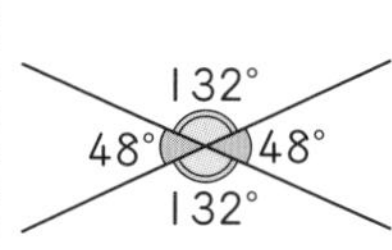

2つの直線によって2組の対頂角ができる。

え，それだけ？ これ，そんなに役に立つ…？

やっぱ最初はそう思うよね～。でもこれは，角度についてのある性質と組み合わせて使うことで，かなり強力な武器になるんだ！ 次の図を見てごらん？

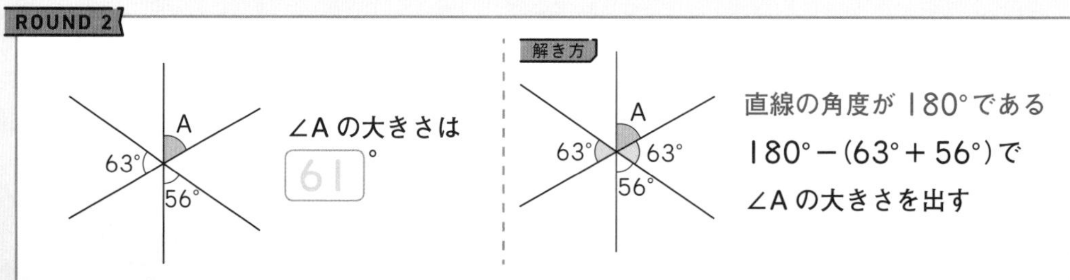

ROUND 2
A
63°
56°
∠Aの大きさは
61°
解き方
A
63°
63°
56°
直線の角度が180°である
180°－(63°＋56°)で
∠Aの大きさを出す

確かに…。これはかなり求められる角度が増えるかも！

そういうこと！ **直線の角度が180°**なのは実は当たり前だけど，なかなか気づきにくいポイントなので，忘れないようにして「今日の一問」にも挑（いど）んでみよう！

FINAL ROUND

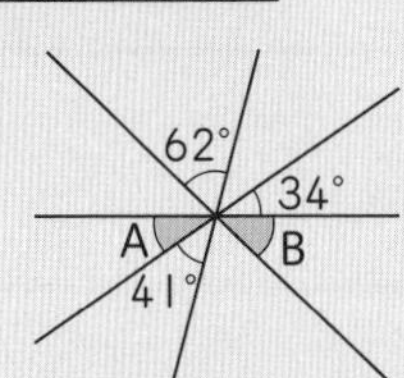

対頂角は等しいので ∠A = 34°

180° − 41° − 34° − 62° = 43°

より ∠B = 43°

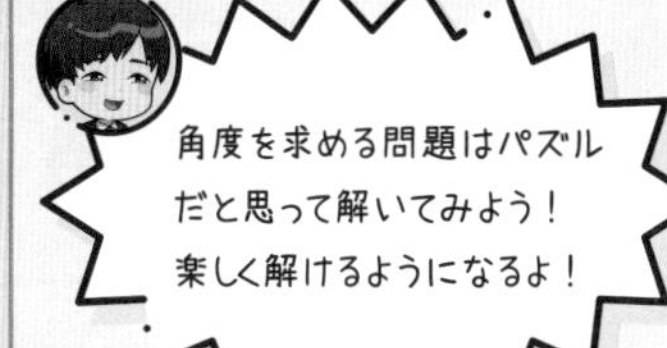

角度を求める問題はパズルだと思って解いてみよう！楽しく解けるようになるよ！

練習問題

解答解説 ▶▶ 別冊 24 ページ

STEP 1 次の図の角 ∠A の大きさを求めなさい。

角度を求める問題って図があるから，計算問題よりも答えの予想がしやすくて解きやすいかも！

1

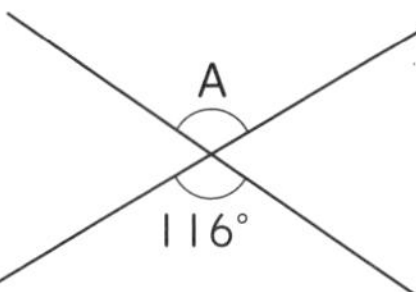

2

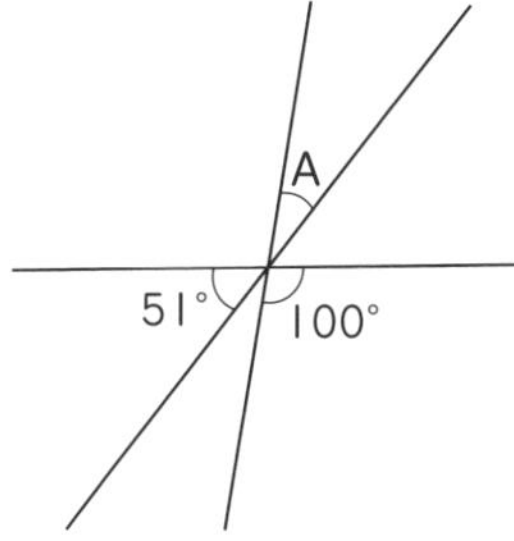

STEP 2 次の図の角 ∠A，∠B の大きさをそれぞれ求めなさい。

1

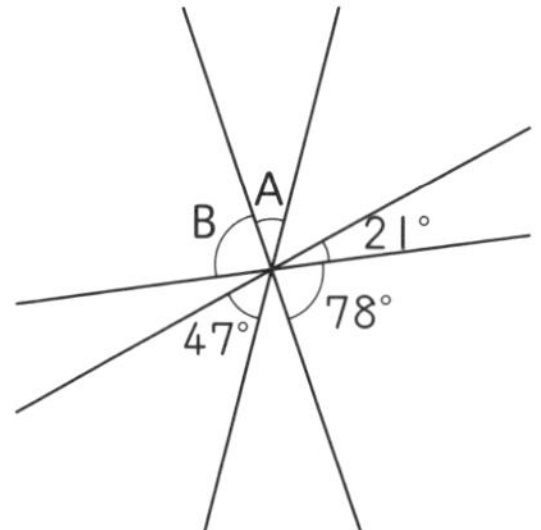

おお！いい着眼点だね！「この角度が 90°より大きいはずがない」とか，「ここここは同じくらいの大きさだ」とか見当をつけて解くといいね！

∠A

∠B

2年 同位角と錯角（どういかく　さっかく）

同位角・錯角ってどこの角のこと？

今日の一問

右の図で，直線 ℓ と直線 m が平行のとき，角 ∠A，∠B の大きさをそれぞれ求めましょう。

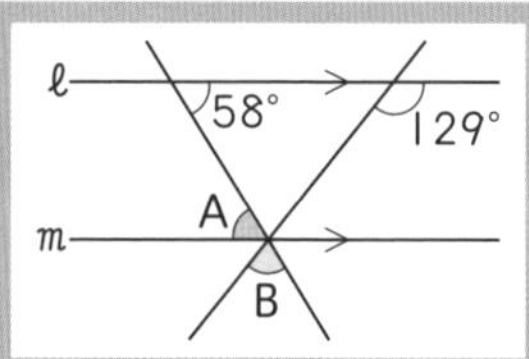

え…？　これって求められるの？　無理じゃない？

対頂角（たいちょうかく）のときと同じ反応してるよ（笑）。今回大事になってくるのは「同位角」と「錯角」という角のことだから，まずそれについて説明するね！

同位角…∠a と ∠e
∠b と ∠f など
錯角…∠b と ∠h
∠c と ∠e

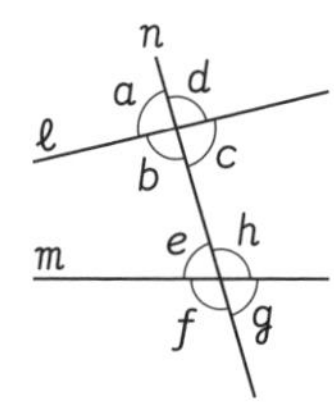

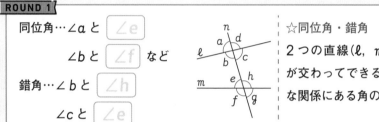

☆同位角・錯角
2つの直線（ℓ，m）に1つの直線（n）が交わってできる角のうち，左のような関係にある角のこと。

あ，同位角とか錯角って，1つの角のことじゃなくて，2つの角の関係のことを表してたのね！　ことばは聞いたことあったけど，意味はあんまわかってなかったな～。

そういうこと！　44（p.132）でやった「対頂角」とセットで覚えておこう！

え，でもさ？　同位角と錯角ってことばがわかっても，結局角度はわからなくない？

基本はそうだね！　でも実は，同位角と錯角の関係で角度が求められる特別なパターンがあるんだ。これを見てごらん？

2直線にもう1つの直線が交わるとき，2直線が 平行 なら，同位角・錯角は等しい。
同位角か錯角が等しければ，2直線は 平行 。

☆平行線…平行な2本の直線のこと

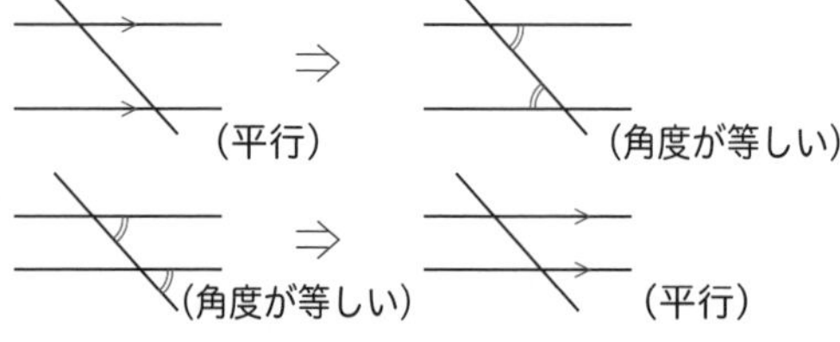

なるほど…！　2つの直線が平行である，という条件が大事になるんだね！

そういうことだね！ あとは，サラッとしか説明しなかったけど，この「平行線の条件」のほうも大事になるよ！「**平行→角度が等しい**」「**角度が等しい→平行**」の両方を理解しておくようにしよう！ それでは，実際に問題を解いてみよう〜。

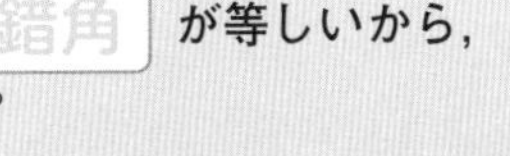

FINAL ROUND

平行線による 錯角 が等しいから，

∠A＝ 58 °

また，同位角・対頂角が等しいことから，∠B＝129°－58°＝ 71 °

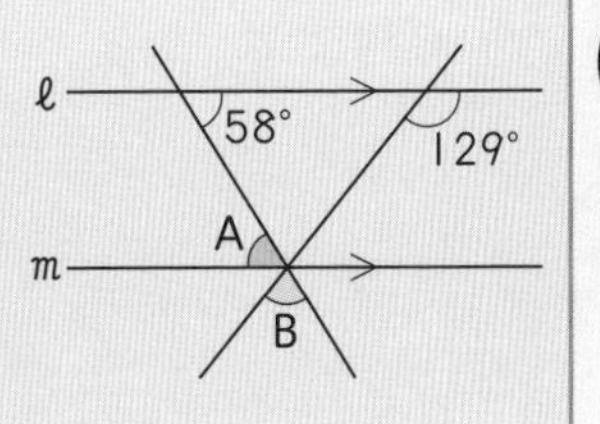

角度の求め方は何通りかあるから，自分がパッと思いついたものを実行しよう！

練習問題

解答解説▶▶別冊 25 ページ

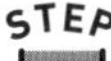

STEP 1 次の図の角 ∠A の大きさを求めなさい。

1

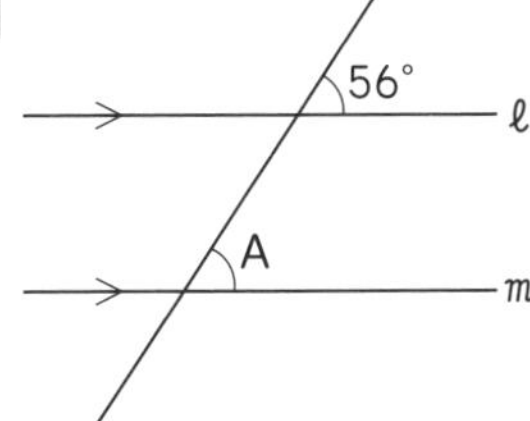

ℓ∥m
（ℓ と m は平行）

2

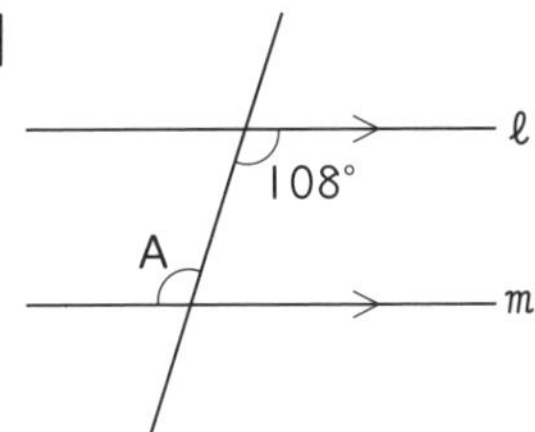

ℓ∥m

今まで，「ここところの角度って同じじゃない？」って感覚で解いちゃってた部分があるから，今日ちゃんと図形の性質として理解できてよかった！

STEP 2 次の図の角 ∠A，∠B の大きさをそれぞれ求めなさい。

1

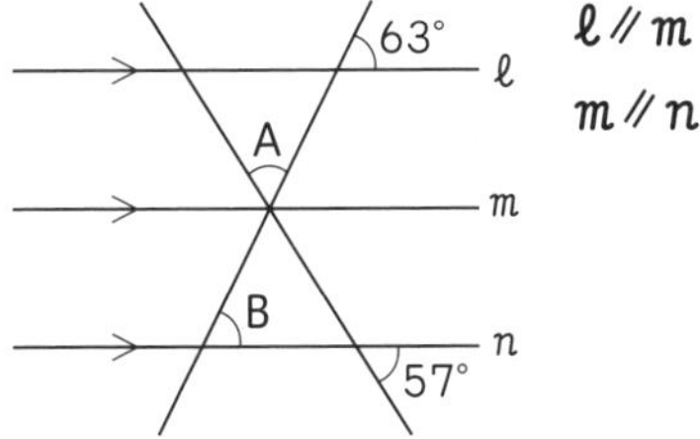

ℓ∥m
m∥n

∠A　　　∠B

ナナミさん，その解き方はなかなか危ないぞ…？ と言いつつも，図形問題は感覚も大事になるから，イメージしやすくするために図は常にていねいにかくようにしよう！

2年　多角形の内角

六角形の内角の和ってどう求めるの？

今日の一問

六角形の内角の和を求めましょう。

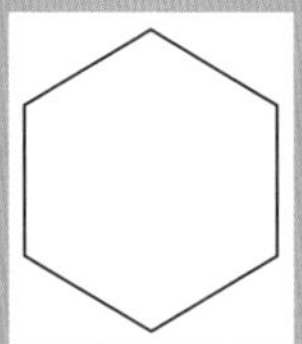

六角形…。一応形はどんな感じかわかるけど，角度なんて考えたこともなかったなぁ…。これって，どんな六角形かは関係ないの？ どんなものでも和は同じになる…？

そうだよ！ たとえば，三角形の内角の和はすべて 180° でしょ？ それと同じで，どんな六角形でもその内角の和は一定になるんだ。

確かに，言われてみれば！ でも，どう求めればいいのか全然わかんない…。

突然言われても難しいよね！ まずは，四角形を使って考えてみよう。

四角形の内角の和は
360 °
頂点 A から対角線をひくと，2 つの三角形に分けられる。

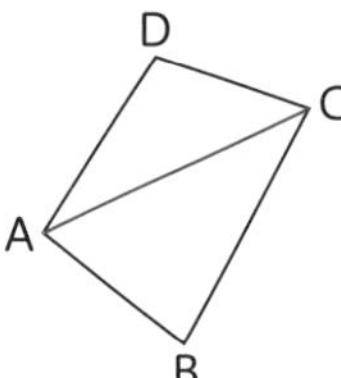

左の図の四角形 ABCD を，対角線 AC によって △ ABC と △ ADC に分ける。すると，その三角形の内角の総和がもともとの四角形の内角の和となる。
（180° × 2 = 360°）

なるほど…。四角形の内角の和は 360° であることはとくに理由とかなく覚えていたけど，三角形を利用して考えることもできるんだね！ 面白い！

これを多角形にも応用するといいよ！ 実際にやってみるから見てごらん…？

五角形の内角の和は
540 °

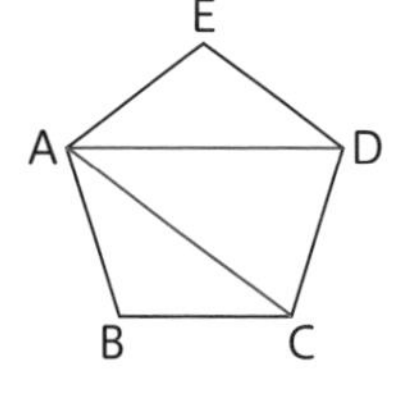

多角形の中で 1 つの頂点を決め，そこから対角線をひきいくつかの三角形に分ける。
そうすると，
（辺の数 － 2）個の三角形ができる。

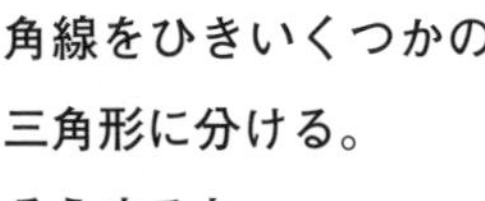

あ，そうか！ 角度を分けて計算してるから，**全部の三角形の内角を合わせると，もともとの多角形の内角の和になる**ってことか！ このやり方すごいな…。

そうそう！　これを理解しておけば，多角形の内角に関してはもう怖(こわ)いものなしだね！　じゃあさっそく，「今日の一問」である「六角形」で考えてみよう～。

FINAL ROUND

六角形の内角の和は

720 °

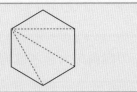

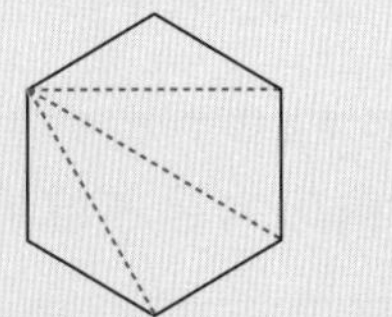

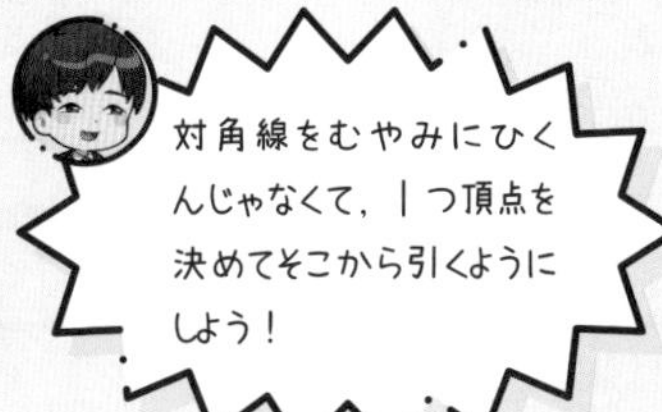

対角線をむやみにひくんじゃなくて，１つ頂点を決めてそこから引くようにしよう！

練習問題

解答解説▶▶別冊 25 ページ

STEP **1** 次の多角形の内角の和を求めなさい。

1 七角形

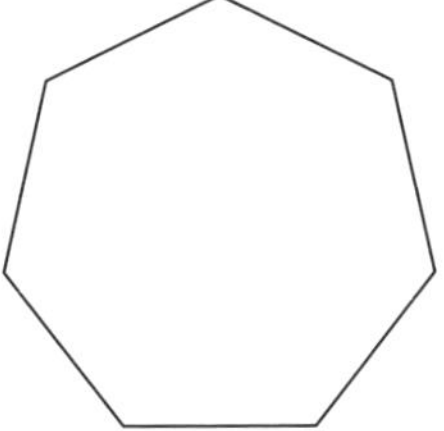

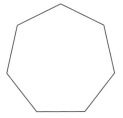

内角についてはよくわかったよ！
でも，たしか「外角」っていうのもあったよね！
そっちはあんまりよくわかってないんだよね～。

2 十角形

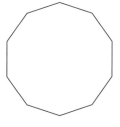

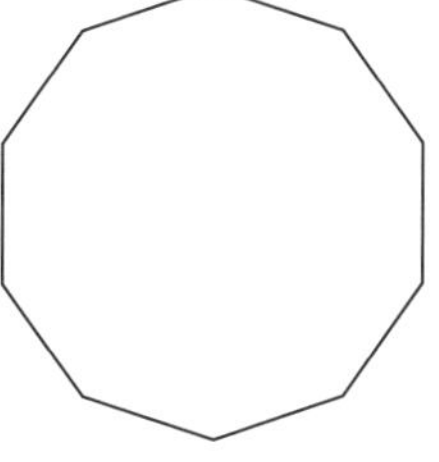

STEP **2** 次の多角形の内角の和を求めなさい。

1

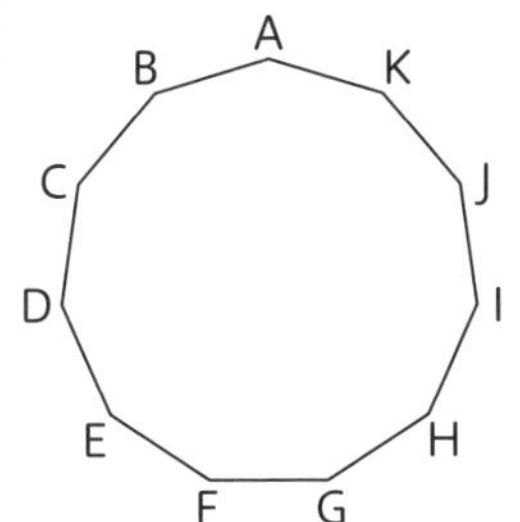

「外角」はその名のとおり辺を延長して外側にできる角のことだよ！　だから１つの点に対する内角と外角の和は180°になるんだ！
覚えておこう～。

正多角形の１つの内角の大きさは？

正十二角形の内角の大きさは何度？

え…？ この問題って前やったばっかじゃない？ これはできるぞ！
確か，内角(ないかく)の和を求めるときは，対角線(たいかくせん)をひいていくつかの三角形に分けるんだったよね。

おお！ ナナミさん鋭(するど)い！ でも，問題をよーく見てごらん…？
今回求めるものは，果たして「内角の和」かな…？

え，ちがうの…？ あ，ほんとだ！「内角の大きさ」ってことは，全部をたした合計じゃなくて，１つずつの角度のことを指してるのか！

あれ，でも待てよ…？ 内角の大きさって言われても，どの角度の大きさを求めればいいのかがわからなくないか？ 問題に図がかいてあるわけでもないし…。

正十二角形ってことは，全部の内角の大きさは同じなんじゃない？

ほんとだ…！ そうだ，完全に見落としていた。恥(は)ずかしい…。

今日はナナミさんがさえてるねえ。言ってくれていたことでほぼ正解だよ！
正多角形の内角の大きさの求め方，簡単にまとめたから一緒(いっしょ)に確認してみよう～。

TIPS ハイレベル

n 角形は，$n-2$(個)の三角形に分けられるため，n 角形の内角の和は $180°\times(n-2)$ である。

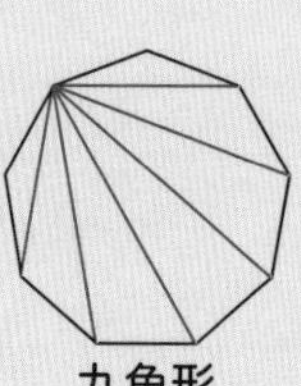
九角形

正 n 角形には，大きさの等しい n 個の内角があるため，内角の大きさは $180°\times\frac{n-2}{n}$ となる。

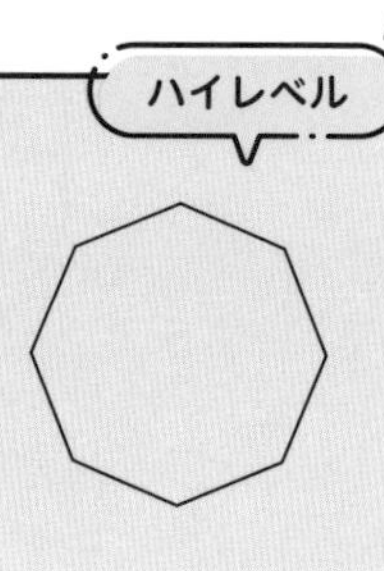

内角の和を求めたら，頂点(ちょうてん)の数でわればいいだけだね！

つまり，問題の答えは「$180°\times10\div12$」で，150°だ！ どう？

はなまる！ 大正解だよ～。前ページでならった多角形に対角線をひいて三角形に分けるやり方からしっかり理解して，「正多角形」をマスターしちゃおう！

Q&A 14 平日と休日の勉強計画，どう考えたらいい？

こーさく先生，平日と休日の勉強の計画って，どう変えたらいい？

ヒロトくん，ぼくは平日も休日も，勉強の計画は大きく変えないほうがいいと思ってる。
そのほうが毎日の習慣となって，勉強を続けやすくなる気がするんだ。

そうなんだ！ ほかに勉強の計画を考えるとき，気をつけたほうがいいことってある？

ギュウギュウ詰(づ)めの計画にしないこと！ こまめな休憩(きゅうけい)をはさむのも大事だし，日々の計画が予期せぬことでくずれてしまったときのために，バッファ（予備時間）を設(もう)けておくことが大事。

バッファは，最初は丸１日予備日にするなど多めに確保しておいて，自分がどのくらいだとやれそうかという感覚がつかめてきたら，少しずつ減らしていくといいよ。

COMMENTS

ぼくは逆に，平日と休日で勉強内容をあえて分けていたよ。平日は学校の課題や予習に追われていたけど，その代わり絶対に土日に持ちこさないと決めていたんだ。そのルールを決めたことで，土日は自分のやりたい勉強に専念することができたよ。

円周角ってどこの角のこと？

∠APB と ∠AQB って，
どっちが大きい？

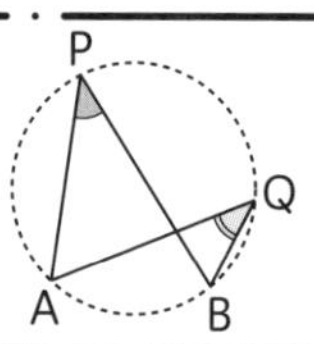

えーーどうだろう…。パッと見た感じそんなにちがいはなさそうだけど，でも直感で遠い位置にある P のほうが角度は大きそう！

え，そうかな？ 逆なんじゃない？ だって，高さが高ければ高いほど先端（せんたん）はとがっていくから，∠APB のほうが小さいとぼくは思うけどなあ。

あ，そっか！ 絶対そうだよ！ ヒロトくんやっぱ天才じゃん〜。

盛り上がってるね〜。でも 2 人ともごめんね？ これ実はひっかけ問題で，答えは「両方一緒（いっしょ）の大きさ」なんだ！

え，そんなことある!? だって，ヒロトくんの言うとおり，点の位置によって角度は変わるんじゃないの？

それは正しいんだけど，実は弧 AB に対しての角 P と角 Q の「開き具合」は等しいんだ。これを見てごらん？

TIPS ハイレベル

円周角の定理

・円周上の一部分を弧（こ）という。
・1 つの弧に対する円周角の大きさは常に同じであり，その弧に対する中心角の半分である。

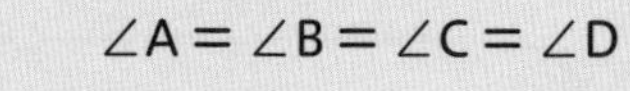

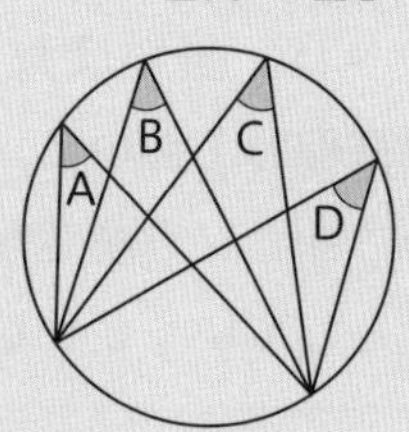

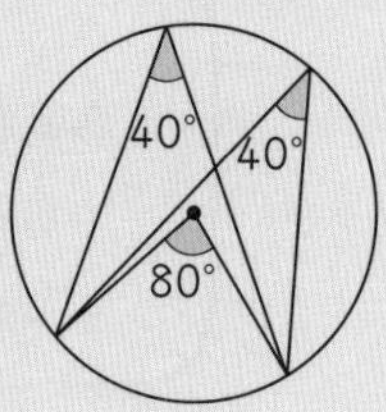

なるほど…。円周上であればどの点でも同じ角度になるってことなんだね。

もちろん，同じ弧に対する円周角であれば，の話ね！ じゃあ最後に，1 つ簡単な問題を出してみよう。弧 AB に対する中心角の大きさが 80° のとき，この弧 AB に対する円周角の大きさはいくつになるかな？

「円周角は中心角の半分」だから…。40° ！

はなまる！ これでもう安心だね！ 円周角の定理はいろんな場面で役に立つから，ぜひ覚えておこう〜。

Q&A 15 休憩時間はどのくらい？何をすればいい？

メイ

こーさく先生，勉強の合間の休憩って，どのくらいとればいいの？

こーさく先生

学校の授業時間や休み時間が習慣になっているから，そこにそろえるといいよ。50 分勉強するごとに 10 分休憩とか。

なるほど。それなら，たしかに違和感なさそう。おすすめの休憩方法を教えて！

ぼくは休憩時間に音楽を聴くのをおすすめするよ。
「この曲が終わったらまた始める！」など，自分に言い聞かせると，切り替えがしやすくなるんだ。メイさんもやってみて！

音楽，いいね！
さっそくやってみる。

COMMENTS

いっせー先生

音楽はリラックスできるから，休憩にはちょうどいいよね。あとは軽い体操をしたり，身体を動かしたりするというのも，いいかもしれないね。頭もリフレッシュできることがあるよ！

2年 合同とは

合同な図形ってどういうこと？

今日の一問

右の△ABCと△DEFが合同であるとき，辺ABの長さを求めましょう。

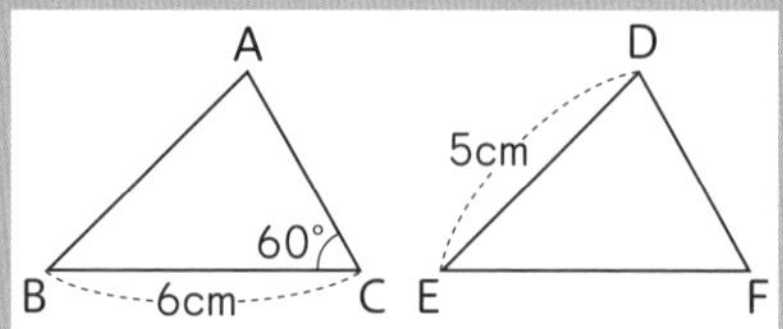

合同…。また知らないことばが出てきたぞ…？ 合同ってなんだったっけ？

合同ということばは，2つの図形の形や大きさがまったく同じときに使われるものだよ！ まず，合同な図形の性質について確認してみよう～。

ROUND 1

☆合同な図形の性質

対応する線分の長さは  。

対応する角の大きさは それぞれ等しい 。

△ABC ≡ △DEF

「≡」…合同を表す記号

合同な図形は移動させて重ね合わせることができる。

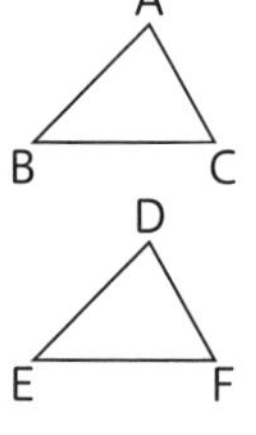

なるほど！ ほんとに「完全に一致」ってことなんだね。

そうだね～。重ねられる図形，という認識もわかりやすいかも！

「≡」って記号はなんだっけ？ なんか，漢字の三にしか見えない…。

まぁ，形は同じだもんね(笑)。数の計算とか，方程式とかで「＝(等号)」という記号はたくさん使ってきたと思うけど，これは「**図形が等しい**」という意味になるから，数式と区別するために横線を１本たして「**≡」の記号を使う**んだ。これをふまえた上で，合同を利用した辺の長さや角の大きさの求め方を確認してみよう～。

ROUND 2

△ABC ≡ △DEF のとき，

AB＝ DE　　∠A＝ ∠D

BC＝ EF　　∠B＝ ∠E

CA＝ FD　　∠C＝ ∠F

△ ABC ≡ △ DEF の対応する辺・角

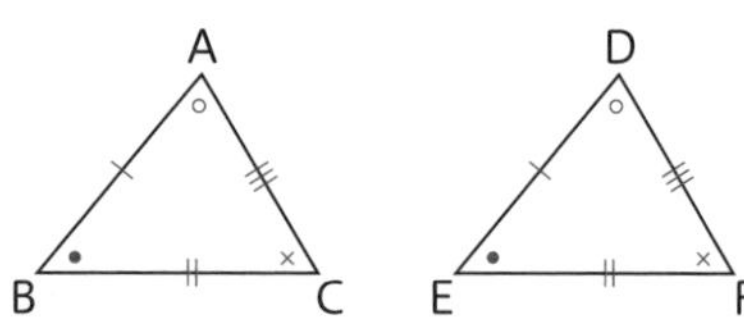

まぁ，そりゃそうなるよね(笑)。まったく同じ図形なんだもんね。

ここで気をつけるのは，どことどこの角度，辺が等しいかをまちがえないようにすることだね！ そこだけ注意して，「今日の一問」にいってみよう～。

FINAL ROUND

△ABC ≡ △DEF より

AB ＝DE

ここで，DE＝ 5 cm より

AB＝ 5 cm

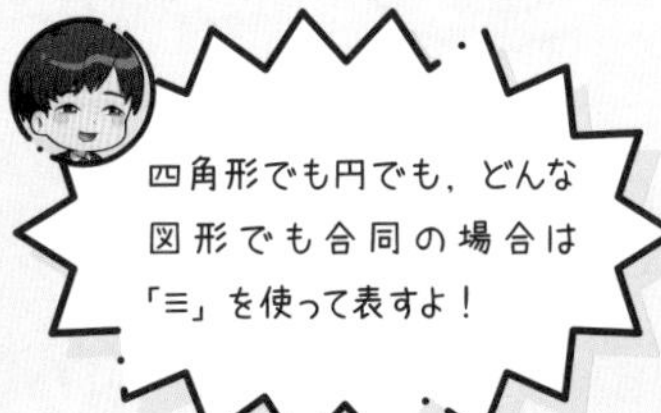

四角形でも円でも，どんな
図形でも合同の場合は
「≡」を使って表すよ！

練習問題

解答解説 ▸▸ 別冊 26 ページ

1 次の問題に答えなさい。

1

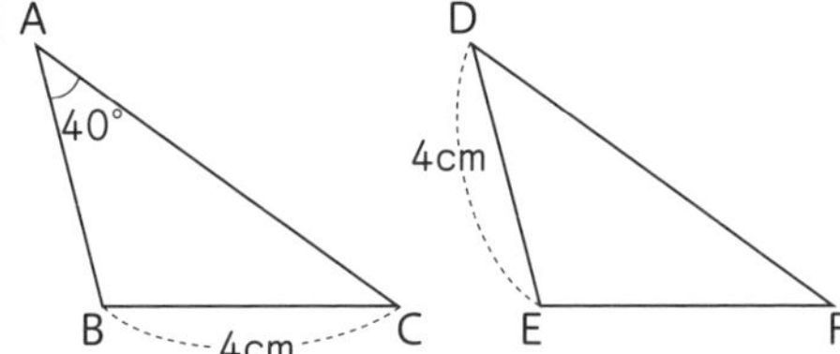

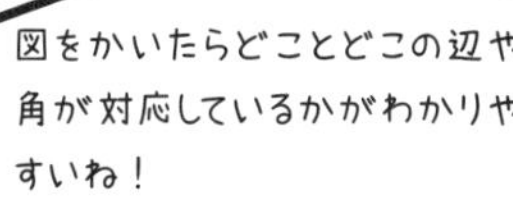

でも逆に，文章とか式だけだと
あんまりイメージができないな…。

上の図で，△ABC ≡ △DEF のとき，辺 EF の長さを求めなさい。

2 次の問題に答えなさい。

1

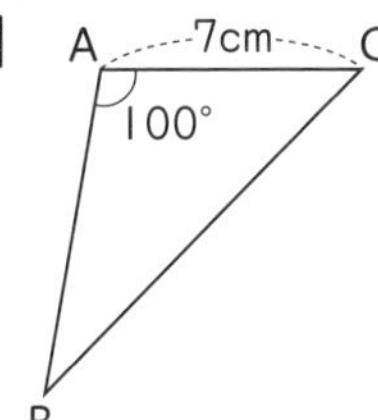

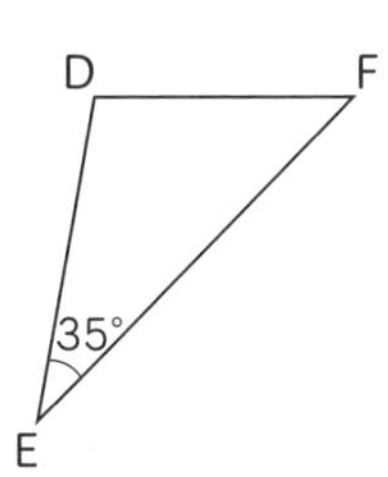

実は書く順番が大事になるんだよ！
△ ABC ≡△ DEF と，
△ ACB ≡△ DEF だと実は意味するものが変わってくるから，頂点が対応している順に書くように常に気をつけよう～。

上の図で，△ABC ≡ △DEF のとき，角 F の大きさを求めなさい。

2年 三角形の合同(ごうどう)3条件

三角形の合同ってどうやって示す？

今日の一問

右の図で，△ABC ≡ △DEF を証明しましょう。

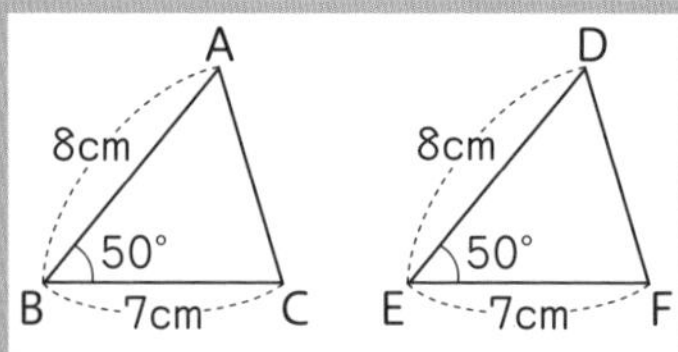

証明か～。苦手なんだよなぁ。証明って，記述問題ってことだよね？
どういう問題かはなんとなくわかってるんだけど，何から手をつければいいんだろう…。

そう！ 記述問題になるね。証明問題はなかなか難しいよねえ，気持ちはわかるよ。
まずは，「証明」が一体どのようなものなのかを確認してみよう！ これを見てごらん…？

ROUND 1

ある“ことがら”が成立する理由を，すでに正しいとわかっている性質を用いて示すこと→ 証明 という。

「五角形の内角(ないかく)の和が 540° であること」を証明する。
→「三角形の内角の和が 180°」を用いて証明する。

あ，これも証明問題になるんだね！ 何かことがらを説明するってことか。

そういうこと！ そして，「五角形の内角の和」を「三角形の内角の和」から求めたように，証明には必ずそのもとになることがらが存在するんだ。

それはわかった！ でも，この問題の証明のもとになることがらって…？

実は，三角形の合同証明には鉄板の「3つの条件」があるんだ！ これを見て！

ROUND 2

三角形の合同条件
① 3組の辺がそれぞれ等しい。
② 2組の辺とその間の角がそれぞれ等しい。
③ 1組の辺とその両端の角がそれぞれ等しい。

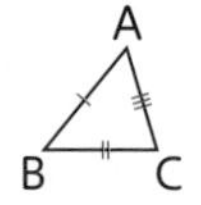

① 3組の辺

② 2組の辺とその間の角

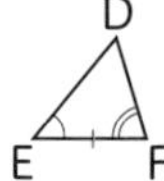

③ 1組の辺とその両端(りょうたん)の角

なるほど…。この3つの中で，**どれかを示せば合同が証明できる**，んだよね？

はなまる！ さてそれじゃあ，「今日の一問」はどれを使うかな？ やってみよう～。

FINAL ROUND

△ ABC と △ DEF で，

AB ＝ DE ＝ 8 cm

BC ＝ EF ＝ 7 cm

∠B ＝ ∠E ＝ 50° より

2 組の辺とその間の角がそれぞれ等しい

ため，△ABC ≡ △DEF がいえる。

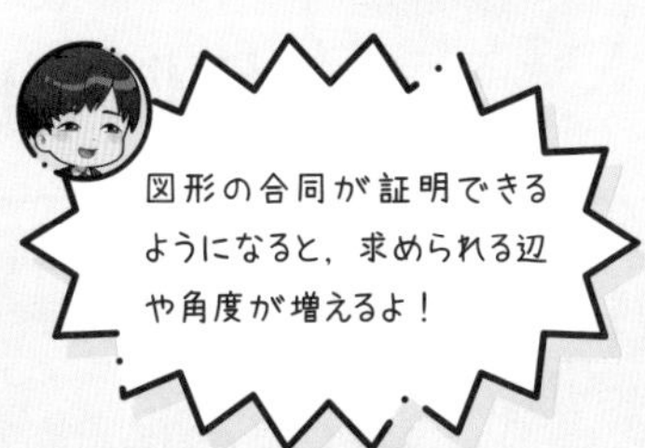

図形の合同が証明できるようになると，求められる辺や角度が増えるよ！

練習問題

解答解説 ▶▶ 別冊 26 ページ

STEP 1 次の問題に答えなさい。

1 三角形の合同条件を 3 つ書きなさい。

1. ＿＿＿＿＿＿＿＿
2. ＿＿＿＿＿＿＿＿
3. ＿＿＿＿＿＿＿＿

いや～。合同の条件とか，証明問題の解き方はわかったんだけど…。シンプルに書くのがめっちゃ大変（笑）。

STEP 2 次の問題に答えなさい。

1 下の図で「△ABC ≡ △DEF」を証明しなさい。

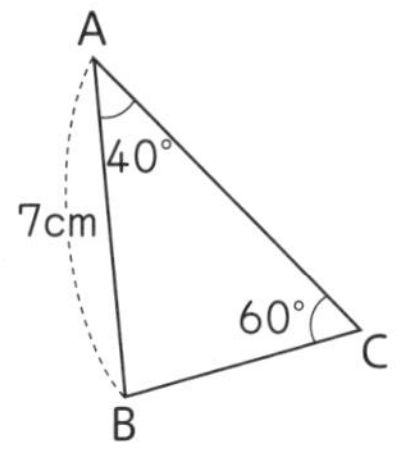

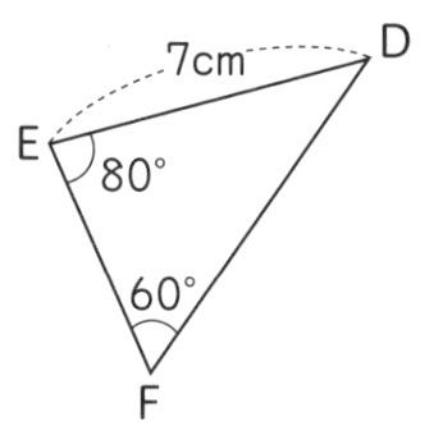

それはまちがいないね～。でも，そこをなんとか頑張ってみよう！
証明問題は「ラブレター」だからね！
採点する人のことを思いやって，サボらずていねいに書くようにしよう～。

3年 相似とは

相似な図形ってどういうこと？

今日の一問

右の△ABCと△DEFが相似であるとき，辺BCの長さを求めましょう。

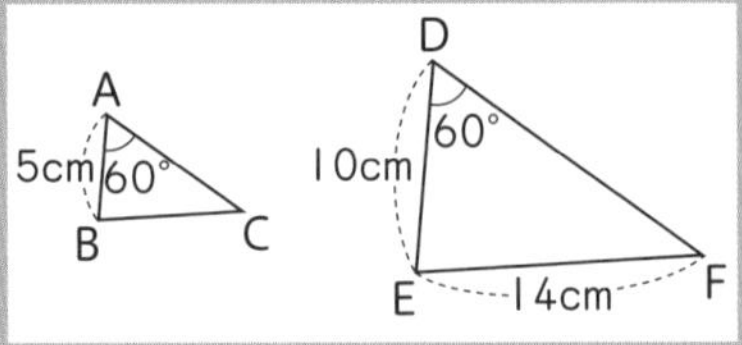

あ，えっと～。相似ってなんだっけ！ 習ったはずなんだけどな。なんか掃除みたいだな，って面白おかしく思ったことしか思い出せない…。

なんて覚え方してるのよ(笑)。この「相似」は，これまでに学んできた「合同」の発展形だと思ってくれるとわかりやすいかも！ まずはこれを見てごらん…？

ROUND 1

☆相似な図形の性質

対応する線分の長さの比は

それぞれ等しい

対応する角の大きさは

それぞれ等しい

△ABC ∽ △DEF

「∽」…相似を表す記号

相似な図形は，片方を拡大，縮小するともう片方の図形と合同になる。

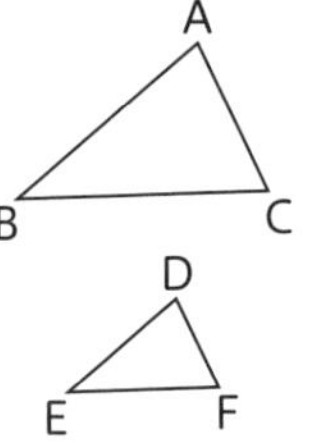

なるほど！ **形は同じだけど，大きさがちがう図形**ってことか！

そう！ 身近な例でいくと，スマホの画像の拡大をイメージするといいよね。写真とかで小さくて見にくい物体があったら，拡大して見るでしょ？ あれが「相似」だよ！

え，それめちゃわかりやすい！ 確かに，拡大しても形は変わらないもんね。

これで「相似」のイメージはバッチリだね！ じゃあ次は実際に，相似な図形の辺の長さや角の大きさを考えてみよう～。

ROUND 2

△ABCと△DEF が相似で，相似比1：3 のとき，

AB＝2 cm ならば DE＝ 6 cm

EF＝9 cm ならば BC＝ 3 cm

∠A＝50° ならば ∠D＝ 50 °

☆相似比とは

相似な図形の，対応する線分の長さの比のこと。

たとえば右の図形なら，

相似比は

AB：DE＝5：10

＝ 1：2 となる。

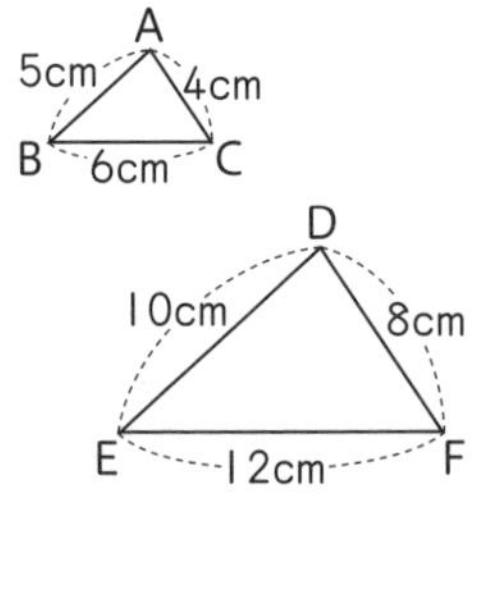

うんうん，そうなるよね。「相似比」を求めることが第一，ってことだね！

はなまる！ さすが理解がはやいねえ。ではさっそく，問題を解いてみよう〜。

FINAL ROUND

△ABC ∽ △DEF であり，その相似比は
AB：DE＝5：10＝1：2 である。
これより，BC：EF＝1：2
BC＝ 7 cm

ここでも21(p.74)の「比例式」が出てくるよ！忘れちゃった人はぜひ復習してみよう〜。

練習問題

解答解説▶▶別冊 27 ページ

STEP 1 次の問題に答えなさい。

1

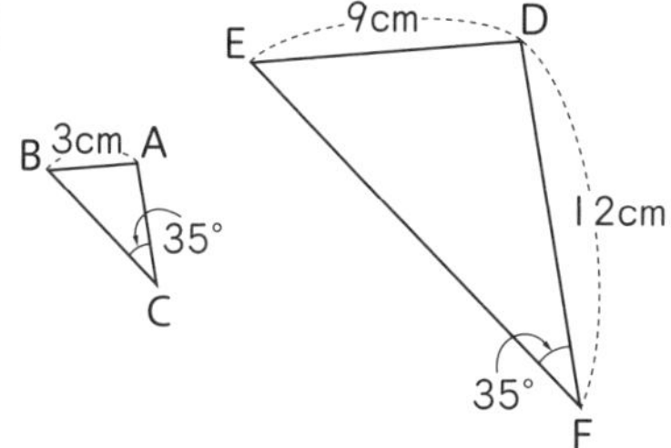

上の図で，△ABC ∽ △DEF のとき，辺 AC の長さを求めなさい。

「相似」自体は先生のおかげでよーくわかったよ！
ただ，やっぱり何度見ても何度書いても，「∽」って記号だけはなかなか慣れない…。

STEP 2 次の問題に答えなさい。

1

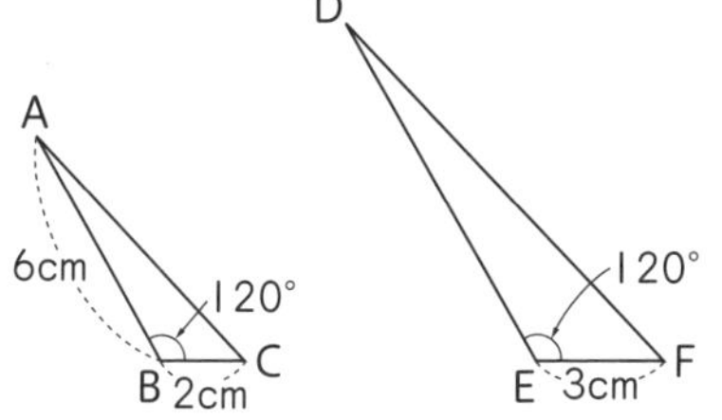

上の図で，△ABC ∽ △DEF のとき，辺 DE の長さを求めなさい。

ふだんは見たり書いたりしないような記号，というか図形だもんね！
「∞(無限大)」という記号もあるので，それと区別するように書いてみよう〜。

3年 三平方の定理とは

三平方の定理って何？

今日の一問

右の図の辺 BC の長さを，三平方の定理を用いて求めましょう。

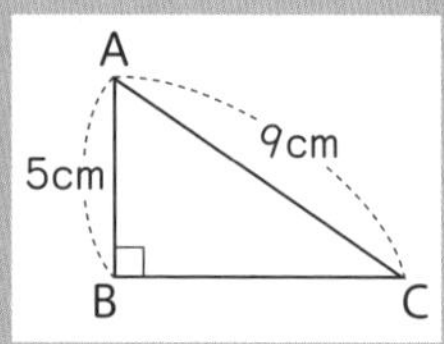

「三平方の定理」は，中学校で習う数学の中でいちばん大事と言っていいくらいに重要な公式だよ？ ヒロトくん，ちゃんと覚えてる？

ん～，なんとなく…。たしか，辺の長さの関係，だよね？

あやしいなあ～。まずは，この「三平方の定理」についておさらいしてみよっか！

ROUND 1

直角三角形の直角をはさむ2辺の長さを a，b，斜辺の長さを c とするとき，

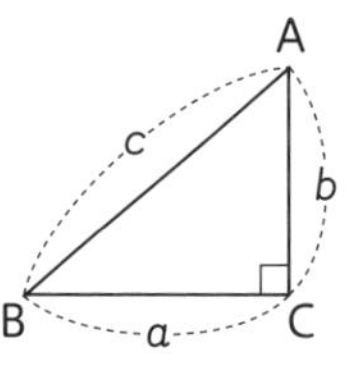

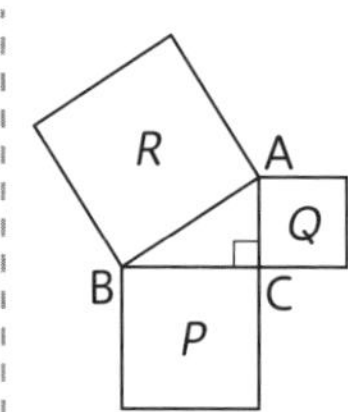

辺 BC，辺 CA，辺 AB を1辺とする正方形の面積をそれぞれ P，Q，R とおくと

$P+Q=R$ となる。

あ，2乗か！ そうだったそうだった，この正方形の面積の話も聞いたことあった！

聞いたことあっても忘れてたらダメだぞ？ これを機に復習しておこう～。

この辺の長さどうしの関係式を利用して，各辺の長さを求めるってことだよね？

そうそう！ 実はこのもとの式を変形すると，三角形の**3つの辺の中でどの1辺がわからない場合でも辺の長さを求めることができる**んだ！ これを見てごらん…？

ROUND 2

三平方の定理 $a^2+b^2=c^2$

変形すると，$a>0$，$b>0$ より

$a=\sqrt{c^2-b^2}$

$b=\sqrt{c^2-a^2}$

3つの辺のうち，2つがわかっていれば三平方の定理によって残り1辺の長さも求められる！

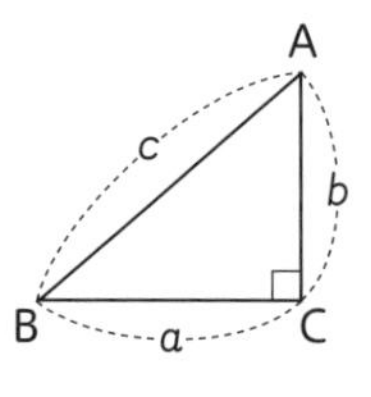

ほんとだ，すごい！ 直角三角形ってだけで辺の長さが求められるんだね。

これまで学んできた「合同」や「相似」よりも，実際に出てくるパターンが圧倒的に多いからね！ 常に直角がどこかを意識して，問題をどんどん解いてみよう～。

求める辺 BC の長さを x cm とすると

三平方の定理より　$5^2+x^2=$ 9^2

$x^2=$ 56

$x>0$ より　$x=$ $2\sqrt{14}$

よって，$2\sqrt{14}$ cm

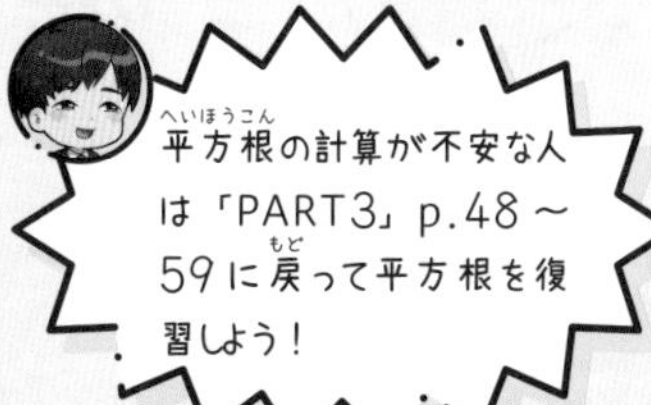

平方根の計算が不安な人は「PART3」p.48～59に戻って平方根を復習しよう！

練習問題

解答解説 ▶▶ 別冊 27 ページ

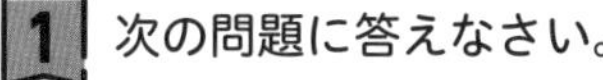

STEP 1 次の問題に答えなさい。

1

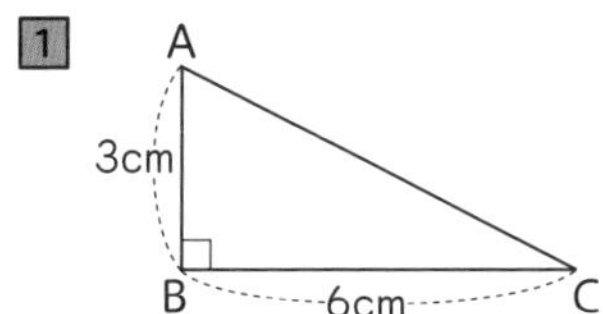

上の図の辺 AC の長さを求めなさい。

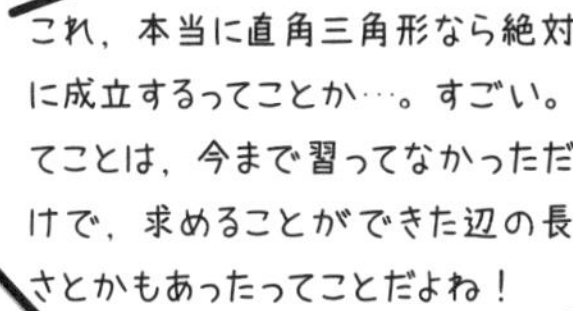

これ，本当に直角三角形なら絶対に成立するってことか…。すごい。てことは，今まで習ってなかっただけで，求めることができた辺の長さとかもあったってことだよね！

2

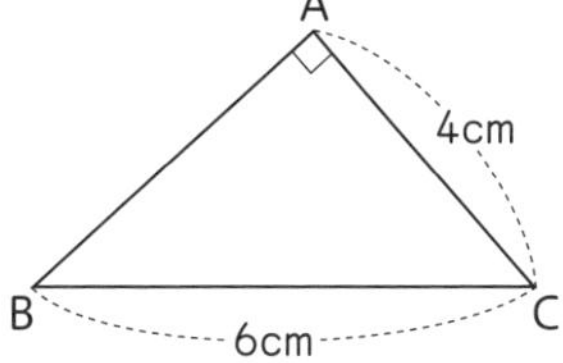

上の図の辺 AB の長さを求めなさい。

そうだよ～。もはや「革命」でしょ？求めた辺の長さが $\sqrt{\ }$ の値になっている場合は，p.54でやった「平方根のおおよその大きさ」を考えて，答えが合っているか検算するようにしよう！

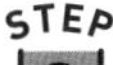

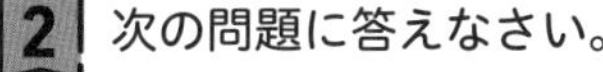

STEP 2 次の問題に答えなさい。

1

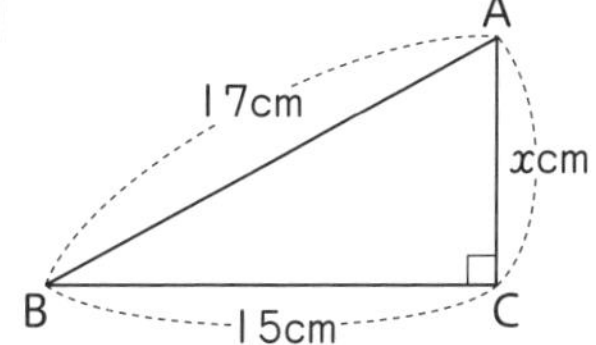

上の図で，x の値を求めなさい。

3年 三平方の定理を用いた計算

三平方の定理ってどこで使うの？

今日の一問

1辺の長さが4cmの正方形の対角線の長さを求めましょう。

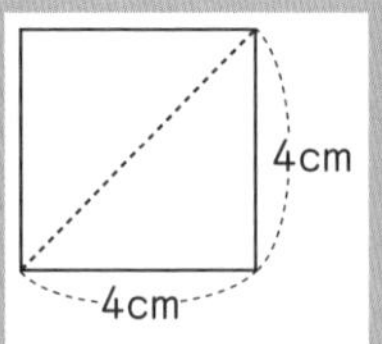

対角線の長さ…。もしかして，これも「三平方の定理」を使って解く，ってこと？

そういうことになるね！ まず，正方形ってどんな特徴をもつ図形だったかな？

えっと…。辺の長さが全部等しい！ あと，角の大きさも同じだったはず…。
あ，てことは，全部の角が直角になっているのか！ 三平方の定理が使えそうだ…。

すごっ！ 天才じゃん！ よし，その勢いで実際にどうやって求めるか確認してみよう！

ROUND 1

正方形に対角線を1本ひくと，3つの角の大きさが 45 °，45 °，90°の 直角二等辺三角形 ができる。

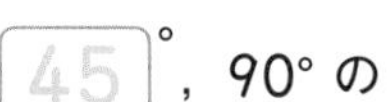

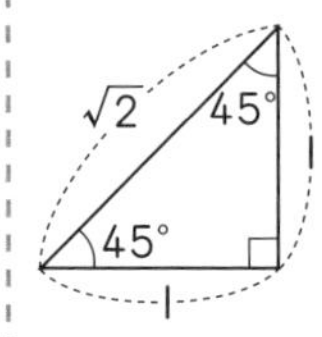

直角二等辺三角形の直角をはさむ2辺の長さを1cmとすると，斜辺の長さは$\sqrt{2}$ cmになる。

なるほど…。直角二等辺三角形は3つの辺の長さの比が決まっているんだね！
ちなみに，ほかにもこういう辺の比が定まっているパターンはあるの？

もちろんあるよ！ ヒロトくんは，三角定規を使ったことはあるかな？ 実は**三角定規は2種類とも角度と辺の長さの比が決まっている**んだ！ これを見てごらん…？

ROUND 2

☆三角定規2種類

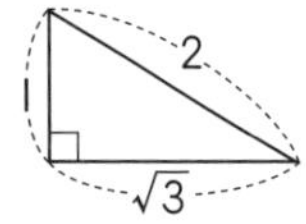

角の大きさは
30 °，60 °，90°　45 °，45 °，90°

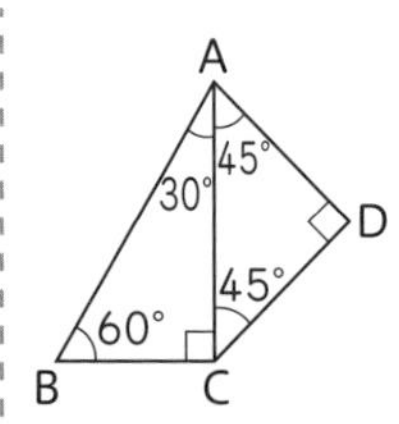

三角定規は，直角二等辺三角形の斜辺と，30°，60°，90°の直角三角形の長辺が同じ長さになるようにつくられている。

これ面白い！ 角度から辺の長さを求めることもできるんだね！

45°，60° などにはとくに気をつけよう！ じゃあ，「今日の一問」やってみよう～。

FINAL ROUND

求める対角線の長さを x cm とすると

$4 : x = 1 :$ $\sqrt{2}$

$x =$ $4\sqrt{2}$

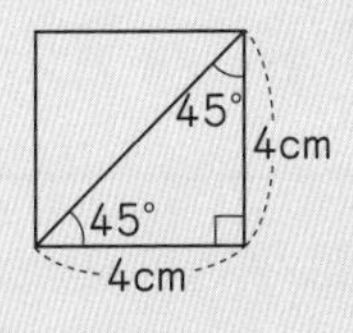

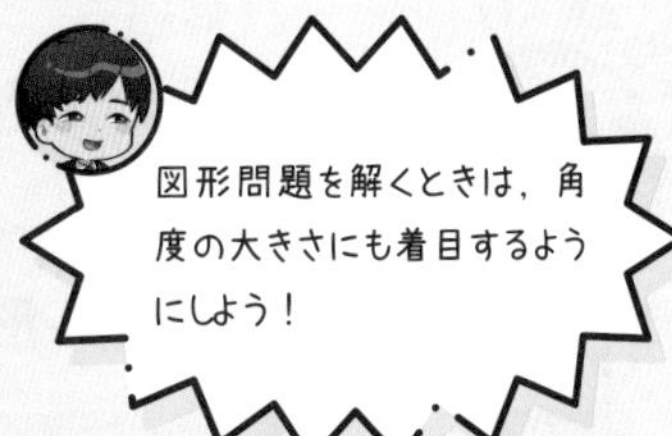

図形問題を解くときは，角度の大きさにも着目するようにしよう！

練習問題

解答解説 ▶▶ 別冊 28 ページ

STEP 1 次の問題に答えなさい。

1 左の図の三角形 ABC で，辺 AC の長さを求めなさい。

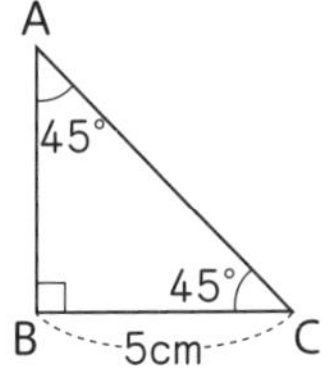

すごいなこれ…。三角形の３つの辺の中で１つしか長さがわかってなかったとしても，残りの２つの辺の長さを両方とも求めることができるんだね！

2 左の図の三角形 ABC で，辺 AB の長さを求めなさい。

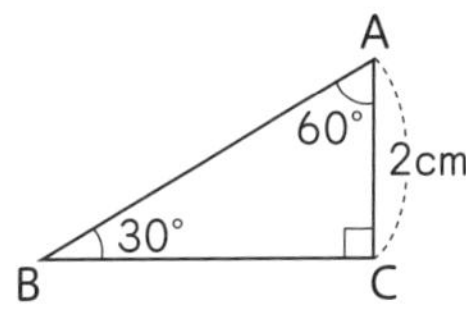

STEP 2 次の問題に答えなさい。

1 右の図で線分 AC の長さが 6 cm のとき，線分 AB，BC，CD，AD の長さをそれぞれ求めなさい。

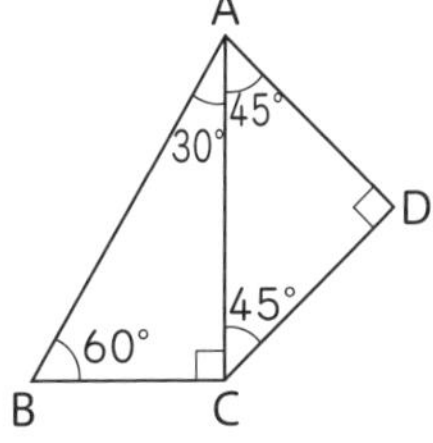

まちがいないね！ だからこそ，30°，45°，60° などの角度にはとくに敏感（びんかん）になるべきなんだよね。これをマスターすると，求められる長さが一気に増えるから，たくさん問題を解いて慣れていこう！

AB ＿＿＿＿　BC ＿＿＿＿

CD ＿＿＿＿　AD ＿＿＿＿

ひし形や長方形って平行四辺形なの？

ひし形は平行四辺形である。〇か×か？

え，これどういうこと…？　ひし形と平行四辺形って，ちがう図形のことじゃないの…？

ひし形ってあれだよね？　4つの辺が全部等しい四角形，だよね？　それで確か平行四辺形は名前のとおり向かいの辺どうしが平行だった気がする…。だから私もちがうと思うな。

え，でもナナミさんの説明だとさ，ひし形も向かいの辺どうしが平行じゃない…？　あれ，どういう場合が平行四辺形で，どういう場合がひし形になるんだっけ…？

3人そろって悩(なや)んじゃってるね～。でも，ナナミさんはかなり理解できているみたいだね！　ここで改めて，平行四辺形についておさらいしよう！

TIPS　ハイレベル

平行四辺形になるための条件

定義：2組の対辺が平行

① 2組の対辺がそれぞれ等しい

② 2組の対角がそれぞれ等しい

③ 対角線(たいかくせん)がそれぞれの中点で交わる

④ 1組の対辺が等しくて平行

左の「条件」に加えて…

4つの辺がすべて等しいのが「ひし形」

4つの角がすべて等しいのが「長方形」

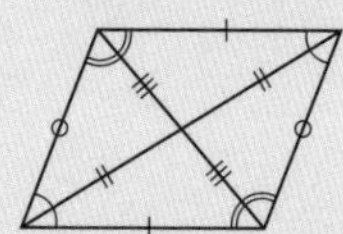

てことはまさか…！　ひし形も長方形も，「平行四辺形」だ，ってこと…？

そう！　さらに言うと，正方形も平行四辺形の1つだよ！　よりレアなもの，というイメージだとわかりやすいかもね。たとえば，「2の倍数」の集合の中に，たまに「4の倍数」とか「10の倍数」とかもある，っていう感じかな！

つまり，ひし形は，「ひし形であり，平行四辺形でもある」ってこと，だよね？

はなまる！　もう問題ないね。下にまとめを載(の)せておくから，復習に使ってね！

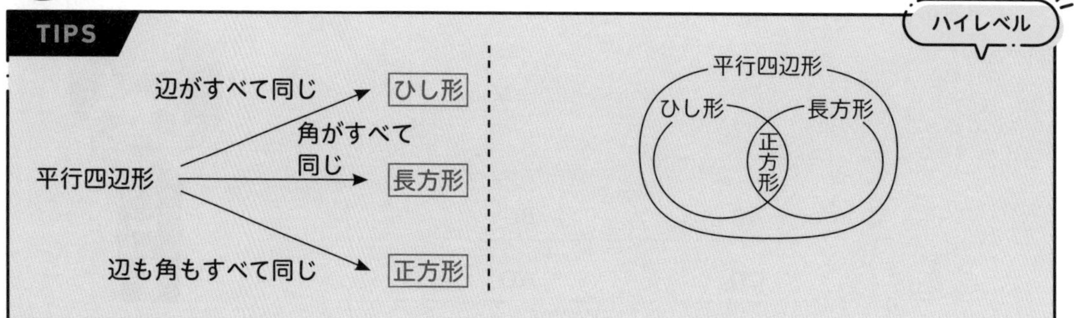

Q&A 16 親に進路を反対されたら，どうしたらいい？

こーさく先生，親に志望校を教えたら，反対されたんだ。電車通学になるから，同じくらいのレベルの近所の学校のほうがいいって。

ヒロトくんは，どうしてその学校へ行きたいと思ったの？

学校祭へ行ったとき，生徒がみんな楽しそうだったんだ。部活動もいろいろな部があって充実(じゅうじつ)していそうだし……。

なるほど。その学校のほうがヒロトくんにとって魅力的(みりょくてき)なんだね。

自分の人生のことだから，反対を押(お)し切れるくらいの強い気持ちをもって，親御(おやご)さんを説得しよう。そのとき，なぜその学校へ行きたいのか，なぜそこじゃなくちゃだめなのかをしっかりと伝えよう。そしたら，親御さんの気持ちも変わるかもしれないよ。

COMMENTS

これは難しい問題だね。ぼくも会社を辞めて「YouTuber」になるときは，親に正直な気持ちをぶつけて「本気でやりたいんだ」っていうのが伝わるような話をしたのを思い出したよ。それだけやりたいことなら，親御さんも応援(おうえん)してくれると思うよ。

1年 柱体(ちゅうたい)・錐体(すいたい)の体積

立体の体積ってどうやって求めるの？

今日の一問

右の円錐の体積を求めましょう。

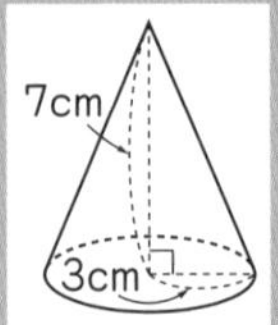

体積，か～。どうやって求めるんだろ…。円錐って，先がとんがってるやつだよね？

そう！ ちなみに，とがっていないものは円柱というけど，それなら求められる？

えっと………(笑)。絶対習ったはずなんだけど，忘れちゃったなぁ。

円錐は円柱の応用版だから，まず円柱のほうから体積の求め方を確認しよう！

ROUND 1

角柱，円柱の底面積を S，高さを h とおくと，体積 V はこのように表せる。

V = Sh

「底面積 S」とは
→角柱，円柱の底になっている面の面積のこと。

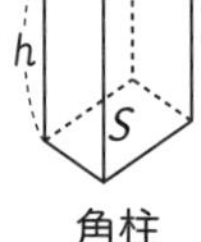

角柱

円柱

思ったよりシンプルだね！ これならなんとか自力で求められそう！

よかった！「V＝Sh」の考え方は，**底面を高さ h の分だけ下から上に移動させて立体をつくっている**，と考えると理解しやすいかも！ 考え方もふくめて公式を理解しよう。さて，柱体がわかったら次は錐体だね！ これを見てごらん…？

ROUND 2

角錐，円錐の底面積を S，高さを h とおくと，体積 V はこのように表せる。

V = $\frac{1}{3}Sh$

「高さ h」は辺の長さではなく底面に垂直な高さで定められている！

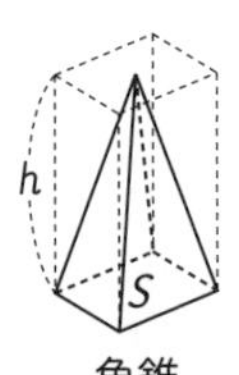

角錐

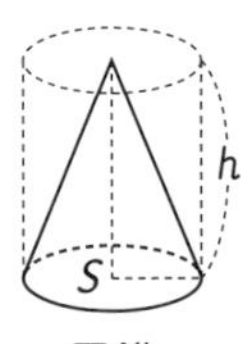

円錐

3 分の 1，かあ～。なんか妥当(だとう)な気もするし，小さい気もするし…。

そうだね～。半分(2 分の 1)と勘(かん)ちがいするミスが多いから気をつけよう！

ちなみに，「$\frac{1}{3}$」をかける理由は高校の数学で「積分（せきぶん）」を習うとわかるようになるよ！ 今は「**先のとがった容器は，とがっていない容器と比べて中身が $\frac{1}{3}$ しか入らない**」という感覚で覚えておこう～。それでは，柱体，錐体の体積の求め方がそれぞれわかったところで！「今日の一問」やってみよう！

FINAL ROUND

求める体積を V cm^3 とおくと，

$$V = \frac{1}{3} \times (\pi \times 3^2) \times 7$$

$$= 21\pi \ (\text{cm}^3)$$

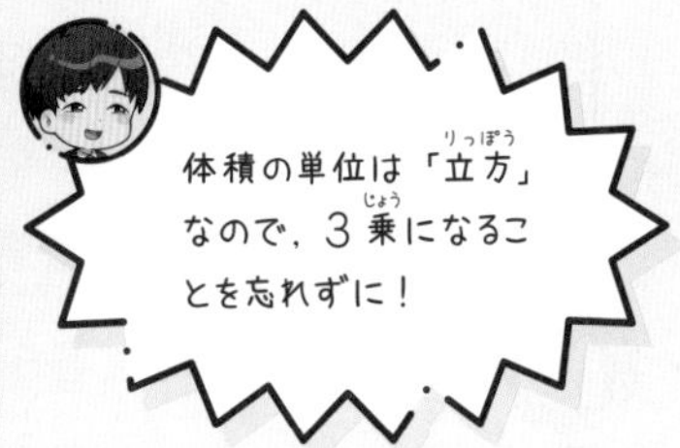

体積の単位は「立方（りっぽう）」
なので，3乗（じょう）になるこ
とを忘れずに！

練習問題

解答解説 ▶▶ 別冊 28 ページ

STEP 1 次の柱体の体積を求めなさい。

1

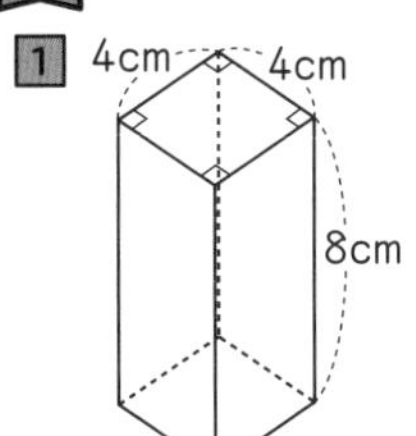

底面がどんな図形でも，底面
積を求めて，高さをかけるとい
う流れは一緒（いっしょ）なんだね！
あとはかけ算をまちがえないよ

2

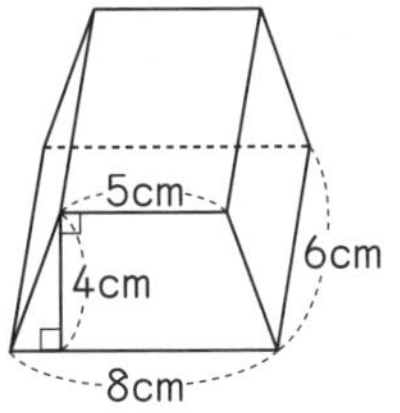

そうそう！ 割とシンプルでしょ？
錐体の場合は「$\frac{1}{3}$」をかけるから，
答えが分数になることもあるね。その場
合はとくに計算ミスに気をつけよう！

STEP 2 次の錐体の体積を求めなさい。

1

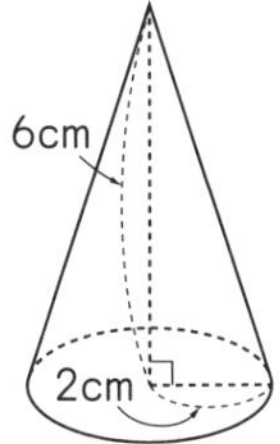

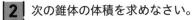

牛乳パックって広げるとどうなる？

右の図形，解体するとどうなる？

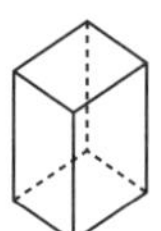

解体…。解体ってどういうこと？ 壊しちゃう，ってこと？

壊すというよりは，「広げる」って感じかな！ ほら，中身がなくなった牛乳パックとか，段ボール箱とかを片づけるために，解体して広げたことはない？

あ，それうちのお母さんがいつもやってる！ あれを解体っていうのか！

それなら私も見たことある。自分でやったことはないけど…。

ぼくは自分が使ったときは自分でやってるよ！ まったく２人とも子供だなあ～。

ヒロトくん偉いね～。２人も３年生になるまでには自分でやれるようになるんだぞ？ まあそれはいいとして(笑)。図形を「解体する」ことについて，これを見てごらん。

TIPS ハイレベル

解体して広げた図を展開図という。

解体 ⇒ 展開図

☆展開図の例

三角柱 ⇒

円錐 ⇒

おお～。なんか折り紙の製作図みたい…！ そっか，組み立てる作業の逆なのか。

確かに！ 最初はよくわかんなかったけど，段ボールとか紙パックとか，身近なものをイメージするとこの「展開図」が想像しやすくなった！

２人ともイメージできたようでよかった！ ちなみに，これも具体的に解体するときを考えてくれるとわかりやすいと思うけど，どこで切り取って広げるかによって広げたあとの形は変わるから，展開図はいくつか存在するんだよ～。それも覚えておこう！

あ，そういうことか…！ サイコロの展開図が10個くらいある図を見た記憶があったんだけど，どこから広げたか，が全部ちがうってことか。

そう！ ちなみにサイコロの展開図は正確には11個あるよ。常に「展開」の動作をイメージして，展開図を学ぶようにしよう～。

Q&A 17 勉強する気力が出ないとき，どうしたらいい？

こーさく先生，最近，勉強する気力がわいてこないんだよね。
どうしたら，やる気が出るのかな？

メイさん，ストレスがたまっているのかもね。
勉強とはまったくちがうことを考えて，リフレッシュしてみたら？

たとえば？

どんなことでもいいんだけど，「今週の土曜日に買いものに行く！」とか，そういう直近の楽しいことをイメージしてみるのもいいね。
勉強からいったん離（はな）れて，別のことでモチベーションを高めると，元気がわいてこない？

そういう楽しみがあるから，今は少しでも勉強をがんばろうという方向へもっていくと，やる気が出ると思うよ。

たしかに，頭が切（き）り替（か）わっていいかも！

COMMENTS

ぼくは「やる気が出たらやりたいこと」を箇条書（かじょうが）きにすることから始めていたよ！ そのときのコツは，なるべく小さい単位まで分割（ぶんかつ）すること。たとえば，「英単語を勉強する」じゃなくて「単語帳を開く」「1 単語覚える」「10 単語覚える」・・・みたいな感じ！

1年 柱体（ちゅうたい）・錐体（すいたい）の表面積

立体の表面積ってどこの面積のこと？

今日の一問

右の円柱の表面積を求めましょう。

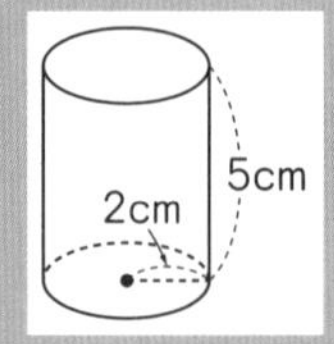

この問題なんだけど…。表面積って，どこの面積のことだったっけ…？

お！ ついに表面積の問題まで来たんだね！ 実はね，この「表面積」は，さっきみんなで考えていた「展開図（てんかいず）」の面積のことなんだよ～。

え，そうなの!? あ，でもそうか，表面の面積で表面積，ってことだもんね。

そういうこと！ まずは，この「表面積」とは何なのかおさらいしてみよう！

ROUND 1

立体のすべての面の面積の和…表面積

柱体・錐体（すいたい）の側面全体の面積のこと…側面積

柱体・錐体の１つの底面の面積のこと…底面積

表面積…展開図の面積

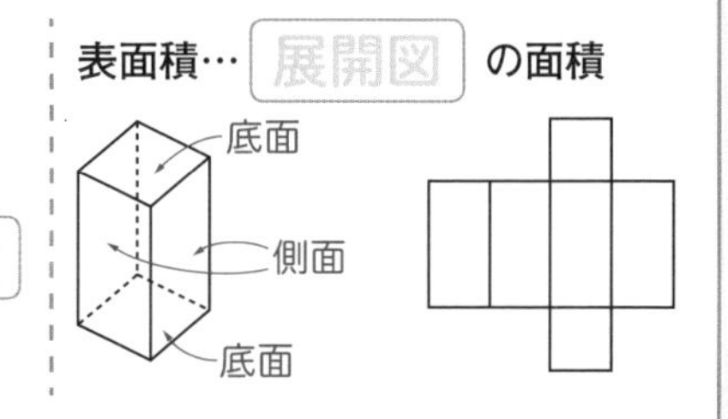

角柱・円柱の**上側の面積のことも「底面積」っていう**んだね！ なんか変な感じ…。

不思議な気持ちもわかるけど，角柱・円柱を上下逆さまにしたら，もともと上にあった面は下(底)に来るからね！ どちらも「底面」ということばで表されるんだよ～。
さて，表面積とは何かわかってもらえたところで…。実はこの立体の表面積の中でも，「円柱」は求め方にコツがあるんだ！ それを今から紹介（しょうかい）するね～。

ROUND 2

底面の半径 r cm，高さ h cm の円柱

底面積：πr^2 cm²

側面積：$2\pi rh$ cm²

表面積：$2\pi r(r+h)$ cm²

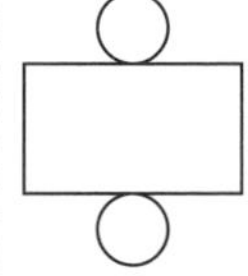

側面の長方形の縦の長さは h cm
横の長さは底面の円の周の長さと同じであるので $2\pi r$ cm となる。

なるほど…。**側面の長方形は，横の長さが底面の円の周の長さと同じになる**のか！

はなまる！ もともとくっついている部分だから，長さは等しくなるんだよね。
さて，求め方もわかったところで！ 実際に「表面積」を求めてみよう～。

FINAL ROUND

求める表面積を S cm² とおくと，

$$S = \underbrace{\pi \times 2^2 \times 2}_{\text{底面積}} + \underbrace{2\pi \times 2 \times 5}_{\text{側面積}}$$

$$= \boxed{28\pi} \ (\text{cm}^2)$$

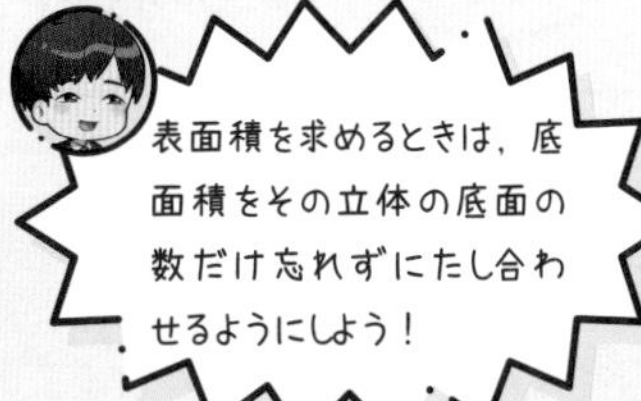

表面積を求めるときは，底面積をその立体の底面の数だけ忘れずにたし合わせるようにしよう！

 練習問題

解答解説 ▸▸ 別冊 29 ページ

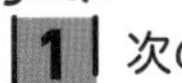

STEP 1 次の立体の表面積を求めなさい。

1

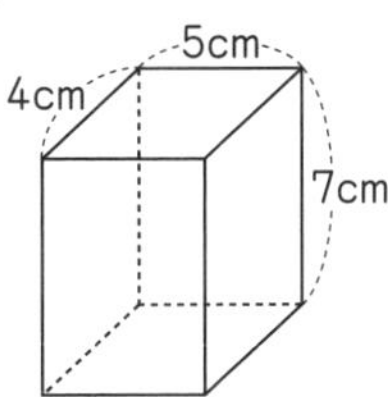

「底面積」「側面積」というものが何を指しているかは，柱体か錐体かによって全然変わってくるんだね…。なかなか計算が大変だ…。

2

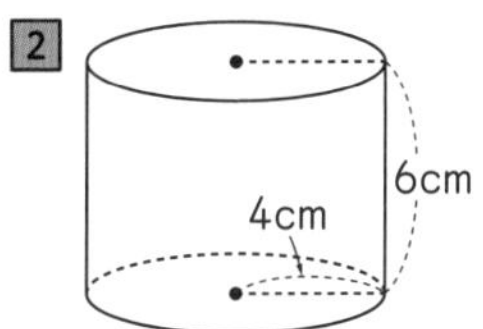

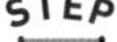
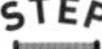

STEP 2 次の正四角錐の表面積を求めなさい。

1

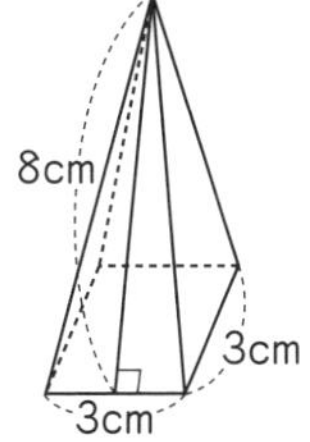

そうだね！ だから，「表面積の求め方はコレ！」っていう万能な公式は残念ながらないね…。でも，どの立体でも「展開図の面積」を求めることに変わりはないから，そこをおさえておこう！

1年　球の体積と表面積

地球の大きさって，どのくらい？

今日の一問

半径 3 cm のテニスボール（球体）の体積と表面積をそれぞれ求めましょう。

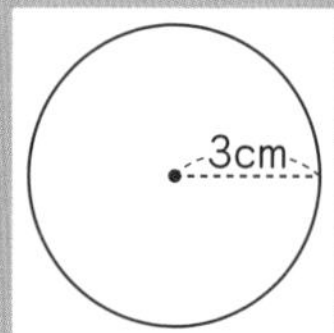

ついにボールの表面積と体積を求めるのか…！ 体積はまだイメージがつくけど，表面積って難しいな…。底面とか，側面とかそもそもなくない…？

確かにね！ 球体の表面積は，つまり外側の１周分すべての面積ってことになるから，メイさんの言うとおり「底面積」「側面積」という考え方は存在しないよ。これは展開図をかいて求められるものじゃないから，公式を覚えよう！ まずは体積から見てみよう～。

ROUND 1

半径 r の球の体積 V は

$V = \frac{4}{3}\pi r^3$

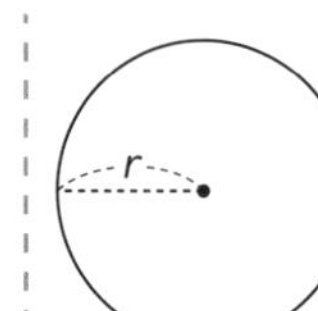

身(3)の上(分子)に心(4)配(π)あ(r)るので参(3)上(乗)

$V = \frac{4}{3}\pi r^3$

$\frac{4}{3}\pi r^3$…。覚えづらい…。これ，何か覚えるコツとかあるの？

そうだね～。有名な覚え方だと，「身(3)の上(分子)に心(4)配(π)あ(r)るので参(3)上(乗)」というものがあるよ！ でもこれであんまりピンと来ない場合は，自分で何か語呂(ごろ)合わせをつくってみてもいいかもね。さてじゃあ次は，表面積について見てみよう～。

ROUND 2

半径 r の球の表面積 S は

$S = 4\pi r^2$

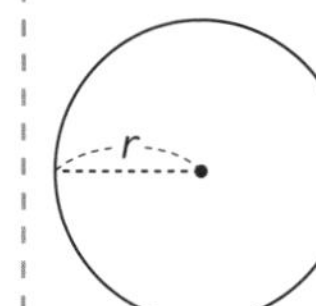

心(4)配(π)あ(r)る事(2)情(乗)

$S = 4\pi r^2$

あ，こっちのほうがまだ覚えやすい！ 体積が 3 乗(じょう)で，表面積が 2 乗なんだね～。

そこは単位の指数と同じだから覚えやすいよね！ ちなみに，表面積のほうは「心(4)配(π)あ(r)る事(2)情(乗)」という覚え方が有名だから，おさえておこう！

え，待って？ 思ったんだけど，これで地球の体積や表面積も求められるってこと…？

そうだよ！ あくまで地球を完全な球体だと仮定すればだけど，体積と表面積はこの公式で求められるよ！

その前に，まずは「今日の一問」から取り組んでみよう！

FINAL ROUND

求める体積を V cm^3，表面積を S cm^2 とすると

$V=\frac{4}{3}\times\pi\times$ [3^3] $=$ [36π] (cm^3)

$S=4\times\pi\times$ [3^2] $=$ [36π] (cm^2)

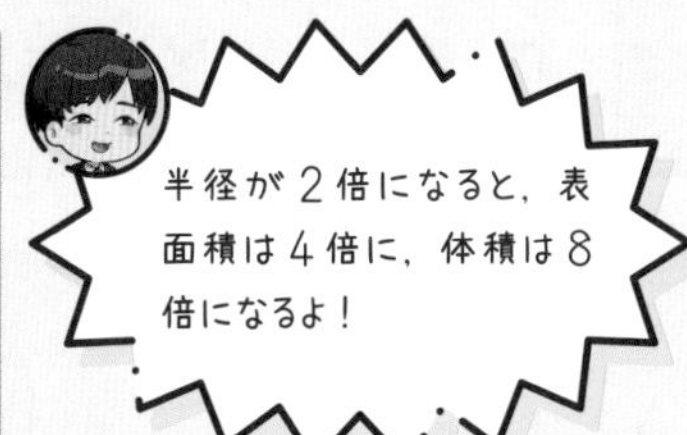

半径が２倍になると，表面積は４倍に，体積は８倍になるよ！

練習問題

解答解説 ▸▸ 別冊 29 ページ

STEP 1 次の球の体積と表面積を求めなさい。

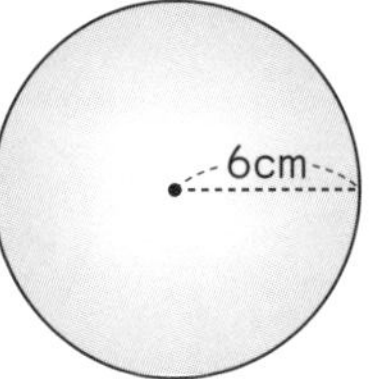

地球の体積って，わかってはいたけどやっぱりとんでもない大きさだな…。
数が大きすぎて，答えの見当がつかないから不安…。

体積 ＿＿＿＿＿　表面積 ＿＿＿＿＿

STEP 2 次の問題に答えなさい。

1 地球の体積と表面積を求めなさい。
ただし，地球は完全な球体であると仮定し，半径は 6000 km とします。

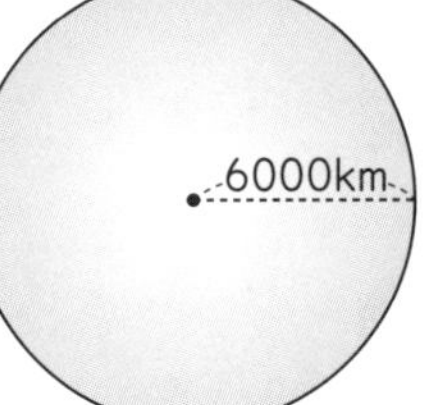

今回の問題に限らず，大きい数の計算のときは，キリのいい数で簡単に計算してみるといいよ！ それで答えの予想をつけるようにしよう～。

体積 ＿＿＿＿＿　表面積 ＿＿＿＿＿

Q&A 18 集中力が切れて，がんばれないときは？

こーさく先生，勉強しようと思って机に向かうんだけど，どうしても集中できないときって，どうしたらいい？

ヒロトくん，そういう日はとりあえず寝(ね)たほうがいいと思うな。
もしかしたら，体調が悪いのかもしれないしね。
そういうときは無理しないほうがいい。

それって，ちょっと罪悪感があるね。
でも，そういうときって，起きていても全然頭に入っていない気がする。

だったら，次の日の朝，起きてすぐにがんばることを決めて，準備しておくのはどう？
そして，明日のがんばりのために，しっかりと睡眠(すいみん)をとる！

そうしてみる！

COMMENTS

とくに眠(ねむ)くて集中力が切れてしまうときは「仮眠(かみん)」を取ることをおすすめするよ。15分程度仮眠するだけで，スッキリして気持ちが切(き)り替(か)えられるんだ。ただし，注意点として，30分以上寝ちゃうと寝起きが悪くなるので，15分程度でぜひ一度やってみてほしい。

5章 確率・統計

最後の章では，「確率（かくりつ）」と「統計（とうけい）」について学ぶよ！ レッスンの数は少ないけど，大事なことばや公式は多いから一つ一つていねいに理解していこう。確率の問題は，コインやサイコロなど身近なものを扱（あつか）った問題が多いから，実際に試しながら学ぶのも良いかも！

KOSAKU

確率だ！ 最後に私の好きな章が来たぞ！ 楽しみだ～。
いよいよ最後の章だね！ あと少し，張り切っていくぞ～。

2年 確率(かくりつ)とは

確率ってなんで0から1の値(あたい)になるの？

今日の一問

1から10までの数字が書かれた10枚のカードから1枚を選ぶとき，そのカードに書かれている数字が3の倍数である確率を求めましょう。

1 2 3 4 5 6 7 8 9 10

確率だ…！ 私本当に苦手なんだよね…。そもそも，確率が結局どんなものなのかがいまいちよくわかってないんだよね～。

えー！ 確率は先生のいちばん好きな分野なのに！ よし，ぼくがなんとかしてナナミさんに確率の魅力(みりょく)を伝えてあげるしかないみたいだね。まずはナナミさんが困っている，「確率ってそもそもどういうものなの？」というところから説明するね！

ROUND 1

確率…あることがらが起こる 割合 のこと。確率の値は必ず 0 以上 1 以下になる。

確率 1…絶対に起こること
確率 0…絶対に起こらないこと
確率 $\frac{1}{2}$…半分(50%)の割合で起こること

言われてみれば，確率は2です，とか3です，とかは聞いたことないね。

そうそう！「確率1」ってのが絶対に起こる事象(じしょう)だからね。たとえば，「コインを1回投げて，表か裏が出る確率は？」って聞かれたらどうする？

え…？ コインって片方が表で片方が裏だよね？ てことは絶対出る，ことない…？

そう！ それが「確率100%」つまり「確率1」だよ。だから，1より大きい確率は存在しないんだよね。
じゃあ次は，実際に簡単な確率を求めてみよう！ この問題を見てごらん…？

ROUND 2

サイコロを1回投げて1の目が出る確率は， $\frac{1}{6}$ である。

サイコロの目の出方は1～6の6通りあり，その6通りは 同様に確からしい。
→どれが起こることも同じ程度に期待できること

「同様に確からしい」ってことば，教科書で見たことあった！ あれ，そういう意味だったのか…。当たり前じゃない？ って思ってたなぁ。

当たり前だけど，それがあるからこそ確率が決まるからね！ きちんと理解しておこう。
それでは，ここまでの説明をふまえて「今日の一問」を解いてみよう！

FINAL ROUND

カードの選び方は全部で 10 通り。
1から10までの数の中で3の倍数であるのは 3，6，9 の3つであるため，求める確率は $\frac{3}{10}$ である。

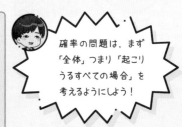

確率の問題は，まず「全体」つまり「起こりうるすべての場合」を考えるようにしよう！

練習問題

解答解説▶▶別冊30ページ

STEP 1 次の確率を求めなさい。

1 1から6までの目があるサイコロを1回投げたとき，5の目が出る確率を求めなさい。

「同様に確からしい」じゃない例ってどんなのがあるかな？ サイコロなら，どこかの面だけ凹（へこ）んでるとか，逆に出っ張ってるとか？

2 1から6までの目があるサイコロを1回投げたとき，5以下の目が出る確率を求めなさい。

STEP 2 次の確率を求めなさい。

1 ジョーカーを除いた52枚のトランプから1枚をひくとき，そのカードがジョーカーである確率を求めなさい。

まさにそうだよ！ コインとかでも同じことがいえるね。数学を使って計算するためには，この「同様に確からしい」ことが必須（ひっす）になるから，常に意識しておこう！

2年 樹形図と確率の計算

樹形図ってどういうときに使うの？

今日の一問

1枚のコインを3回投げたとき，表が2回，裏が1回出る確率を求めましょう。

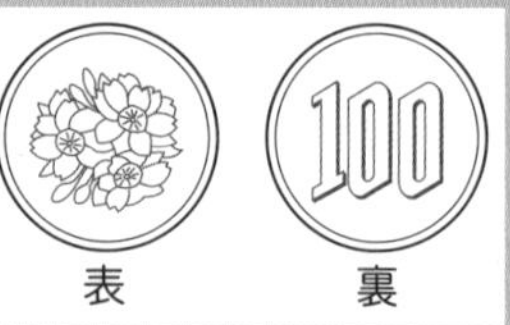

うーーー。さっきより難しいなぁ。これも，「起こりうる場合」を全部考えて，その中から「表2回，裏1回」になっているものを見つければいい，ってこと？ だよね？

そうね！ そのやり方でも解くことができるよ。じゃあちょっとやってみよっか！ いきなりコイン3回は大変だから，2回だとして場合を全部書き出してみよう〜。

ROUND 1

「コインを2回投げるときの表裏の出方」

1回目	2回目
表	表
表	裏
裏	表
裏	裏

(表，表)，(表，裏)，(裏，表)，(裏，裏)の4通り。
たとえば，「表が1回，裏が1回」出る確率なら2通りあてはまるため　確率は $\frac{1}{2}$

1回ずつ表か裏かで2通りあるから，2回やると2×2で4通り，だね！

はなまる！ ちなみに，この方法を「数え上げ」というからぜひ覚えておこう！
実は確率の問題の計算は，この「数え上げ」ともう1つ方法があるんだ。それは「樹形図」を使った求め方なんだけど，ナナミさんは，「樹形図」って聞いたことある？

あ，それも教科書で見たはずだ！ なんか枝分かれしている図だよね…？

そうそう！ この樹形図はよく使われるから，ここで一度おさらいしておこう！

ROUND 2

「コインを2回投げるときの表裏の出方」

1回目　2回目
表 ─ 表
　 └ 裏
裏 ─ 表
　 └ 裏

出方は，左の図で赤い丸で囲んだ4通り。

私，こっちのほうが好きかも！ 数え上げ，腕疲れちゃうもん(笑)。

確かに場合の数が大きくなってくると大変だよね。でも，**「数え上げ」も「樹形図」も同じように確率を求めることができる**から，自分がやりやすいほうで解くようにしよう！ それじゃあ，コインを投げる数を３回にした「今日の一問」，解いてみよう〜。

FINAL ROUND

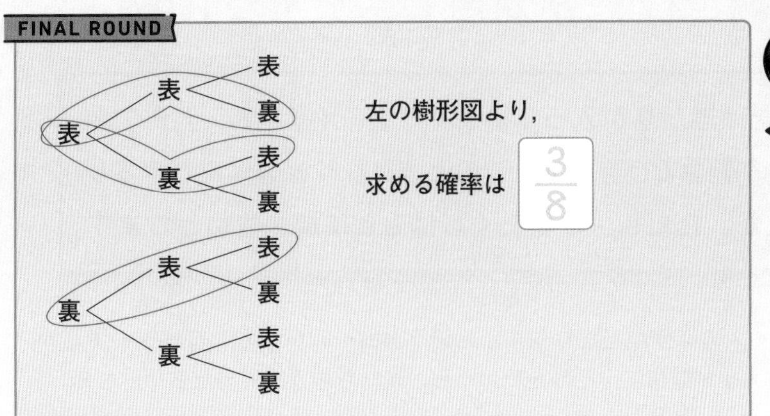

左の樹形図より，

求める確率は $\frac{3}{8}$

実は，コインは「100」とか「10」とかが書かれているほうが裏なんだ。びっくりだよね！

練習問題

解答解説▶▶別冊 30 ページ

STEP **1** 次の確率を求めなさい。

1 １から６までの目があるサイコロ１個を２回投げたとき，出た目の数の和が８になる確率を求めなさい。

「樹形図」，めちゃいいじゃん！ これでサイコロとかコインとか，身近な確率が求められる，って思うと，確率の勉強も悪くないねえ〜。

STEP **2** 次の確率を求めなさい。

1 １枚のコインを３回投げたとき，表が１回，裏が２回出る確率を求めなさい。

え，めちゃくちゃうれしいことば！ 確率の面白さが伝わってよかったよ〜。ちなみにナナミさんが言っていたとおり，「樹形図」は「枝が生い茂った樹」の形が由来らしいよ！

KOSAKU

「残り物には福がある」ってホント？

10本中，1本だけ当たりが入っているくじを，メイさん，ナナミさん，ヒロトくんの順番でひきます。このとき，もっとも当たりやすいのは誰でしょうか。ただし，ひいたくじはもとに戻さないとします。

ん～，単純に先にひく人のほうが当たりやすいと思うなあ～。だって，当たり1本しかないんでしょ？ もしメイが最初に当たりをひいたら，私たちもう絶対当たらないもん。

え，でもそうかなぁ？ ひいたくじはもとに戻（もど）さない，ってことは，どんどんくじの本数は少なくなっていくんでしょ？ だったら，ナナミちゃんとか，ヒロトくんのほうがくじの本数が少なくて当たりやすくなるんじゃない…？

でもそれってメイさんがはずす前提だよね～。メイさんが当たる可能性もあるって考えると，もしかしたら全員同じになるんじゃ…？ そんなことないかな？

ヒロトくん，さすが最上級生だねえ～。実はヒロトくんの言うとおり，この問題において3人の当たりやすさ，つまり当たる確率は全員同じなんだ！ どうして確率が同じになるのか，この問題を例に挙げて説明するね！

TIPS ハイレベル

メイさん当たり…10本中1本より $\frac{1}{10}$

ナナミさん当たり…メイさんはずれ × ナナミさん当たり

$$= \frac{9}{10} \times \frac{1}{9} = \frac{1}{10}$$

ヒロトくん当たり…メイさんはずれ × ナナミさんはずれ × ヒロトくん当たり

$$= \frac{9}{10} \times \frac{8}{9} \times \frac{1}{8} = \frac{1}{10}$$

☆当たる確率は3人とも同じになる！

（Aが起こる確率が a，Bが起こる確率が b のとき，AとBがともに起こる確率は ab）

てことは，「残り物には福がある」ってちがうってこと？ なんか残念だなぁ～。

実はひく順番は関係ないんだよね～。くじびき抽選会（ちゅうせんかい）とかで前のほうに並んだ人が得になったり，逆に損になったりすると不公平でしょ？

確かに，言われてみればそうか…。みんな平等になってる，ってことなんだね！

はなまる！ じゃあ今からこのくじびきやろう！ 当たりはお菓子（かし）とジュースね～。

Q&A 19 集中力がアップする，おすすめの技は？

ナナミ：こーさく先生，どうしたら集中力がアップするの？ おすすめの技を教えて！

こーさく先生：よし，ナナミさんにとっておきの技を伝授するよ！ それはね，休憩だ!!

勉強法じゃなくて，休憩がおすすめなの？

そう。「嘘でしょ？」って思うかもしれないけど，集中するには，休憩が大事だよ。
休憩するときはしっかりと休憩して，勉強している時間ときっちり区別すること。

休憩のしかたは，席を立って伸びをするのもいいし，座ったまま目を閉じるだけでもスッキリするよ。

へえ，休み時間に試してみよう！

COMMENTS

いっせー先生

実際に，ちょっと眠ったり休んだりするのはいいことだというのが，科学的にも証明されているね。東大生でも，受験期に昼寝する習慣があったという人もたくさんいるよ。

「出現率 1%」って何回で出る？

当たりの「出現率 1%」のガチャを 100 回ひけば，必ず 1 回は当たりが出る。〇か×か。

ねえみんな聞いてよ！ この前私の好きなゲームがガチャのイベントをやってたから，最近ずっと貯めてた分を使って 100 回もひいたのに，お目当てのキャラが当たらなかったんだよ！ おかしくない…？「出現率 1%」って書いてあったから，100 回ひいたら 100%だよね？ じゃあ絶対当たるよね…？ なんでよ〜〜。

ナナミちゃんが珍しく怒ってる…！ よほど当てたかったんだねえ…。
でも確かにそれってなんでだろう？「1%」っていう表示がまちがってたのかな？

ガチャって祭りとかのくじびきとちがって，1 回ごとに確率がリセットされるんじゃないかな…？ だから，何回で必ず当たる，とかはない気がする。

ヒロトくんの言うとおりだと思うよ！ ナナミさん，ちなみにその 100 回ひいた中で，同じキャラが出ることはなかった？

出た出た！ なんならブルーナイトなんて 10 回以上出たよ！ もういらないよ〜。

じゃあ明らかにリセットされているね！ さっきみんなに考えてもらったくじびきは 1 回ひいたくじをもとには戻してなかったけど，このガチャはひいたものをもとに戻しているイメージだとわかりやすいかも。それをふまえた上で，ナナミさんみたいに 100 回ひいても当たらないことがどのくらいの可能性で起こるのか，考えてみよう〜。

TIPS ハイレベル

1 回ひいて当たる確率…0.01（1%）
1 回ひいてはずれる確率…0.99（99%）
100 回すべてはずれる確率…$0.99^{100} \fallingdotseq 0.37$（37%）
☆ 1 回ごとにリセットされている！

つまり，100 回ひいても 63%（100% − 37%）でしか当たらない。逆に 2 回，3 回以上当たる可能性もある！

37%もあるのか！ 厳しい…。でも，私が運悪いのに変わりはないよね（笑）。

まあまあ！ 逆にあと 1 回ひいたら当たるかもしれないし！ なんなら，プラスで 10 回ひいたら 2 回，3 回もそのキャラ出てくるかもよ…？ やってみよう？

やめて〜〜！ 詐欺みたいなこと言わないで〜〜!!!

Q&A 20 受験生の睡眠時間はどのくらいがいいの？

こーさく先生，1日の睡眠時間はどのくらいがいいの？

ヒロト

こーさく先生

これも人によるだろうけど，7時間は寝たほうがいいと思うよ。

よかった。受験生になったら，1日5時間とかしか寝れないのかと思った。

ヒロトくん，そんなことはないよ。
ぼくは，基本的にはたくさん寝たほうがいいと思う。でも，その分，勉強時間は集中すること。とくにだらけがちな休日の場合，朝イチで何の勉強をするのか，あらかじめ決めておいたほうがいいよ。

朝イチのおすすめは，英単語とか，理科・社会の暗記ものとか，自分にとって負担が軽いものを選ぼう。さっと取りかかれると，その日1日の勉強時間が充実したものになるよ。

COMMENTS

でんがん先生

「7時間」というのは，ぼくも同じ意見だな。受験勉強ってけっこう長期戦だから，睡眠時間が極端に短いと，継続的にその生活を続けられないし，寝すぎてもなんか勉強のやる気が起こらないよね。だから，ぼくも目安は「7時間」だって思ってるよ。

1年 度数分布表とヒストグラム

相対度数，累積度数ってどういう意味？

今日の一問

次のデータの度数分布表を完成させ，ヒストグラムに表しましょう。

・20人の小テストの得点

〔13，39，20，32，21，
17，49，12，24，44，48，35，31，6，42，36，26，10，38，16〕

小テストの得点

点数(点)	度数(人)	相対度数	累積相対度数
以上 未満			
0 ～ 10			
10 ～ 20			
20 ～ 30			
30 ～ 40			
40 ～ 50			
計	20	1.00	

(人)
5
0
0 10 20 30 40 50(点)

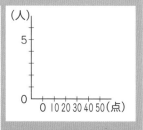

あ～～。本当に嫌なんだよなぁ，データの問題…。一応学校でも習ったはずなんだけど，もうこの数字がいっぱい書かれているのを見るだけでやる気なくなっちゃう…。

気持ちはわかる！ でも，実はデータの問題って，覚える公式も少ないし，難しい計算もほぼ出てこないんだ。ていねいに情報を整理すれば，確実に正解できる単元なんだよ～。

そう言われてもなぁ…。具体的に何すればいいかがよくわかんないんだよね～。たとえばこの問題も，「度数分布表」？ とか「ヒストグラム」？ とかそもそも何かわかんない！

よし，じゃあまずは「度数分布表」から説明するね！ 一緒に見てみよう～。

ROUND 1

度数分布表において，

データを整理するための区間… 

データ全体の個数に対する，各階級ごとの度数の割合… 相対度数

最初の階級からその階級までの相対度数を合計したもの…累積相対度数

・一番大きい階級の累積相対度数は必ず1.00になる！

漢字が多いな…。でも，内容は割と単純だね！ バラバラなデータをいくつかの区間に分けて整理して，その割合を求めてるのが「相対度数」とか，ってことだよね…？

まさにそう！「度数」ってのがその階級に入るデータの個数のことなのをいちばんにおさえておこう。じゃあその調子で，「ヒストグラム」が一体何なのか見てみよう！

ROUND 2

データ(点)	度数(人)
以上 未満	
0 ～ 10	5
10 ～ 20	2
20 ～ 30	3

⇒

(人)
5
3
2
0 10 20 30(点)

☆ヒストグラムのかき方

・横軸に階級を考えた点数，縦軸に度数を表す人数をとる。

・階級の幅を横，度数を縦とする柱(長方形)をかく。

じゃあこの２つを組み合わせて，「今日の一問」，解いてみよう！

FINAL ROUND

データを小さい順に並べると

6，10，12，13，16，17，20，21，24，26，31，32，35，36，38，39，42，44，48，49

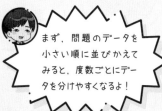

小テストの得点

点数	度数(人)	相対度数	累積相対度数
以上　未満			
0～10	1	0.05	0.05
10～20	5	0.25	0.30
20～30	4	0.20	0.50
30～40	6	0.30	0.80
40～50	4	0.20	1.00
計	20	1.00	

ヒストグラム

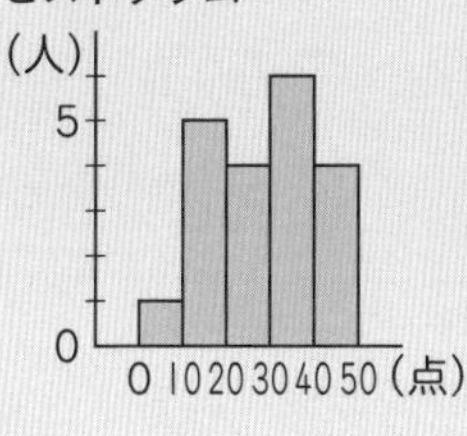

まず，問題のデータを小さい順に並びかえてみると，度数ごとにデータを分けやすくなるよ！

練習問題

解答解説 ▶▶ 別冊 31 ページ

1 次のデータの度数分布表を完成させなさい。

1年2組　ハンドボール投げ(男子)の記録(m)
13，16，27，9，18，12，23，9，30，21，
6，33，11，17，11，24，24，7，29，10

⇩

記録(m)	度数(人)	相対度数	累積相対度数
以上　未満			
0～5			
5～10			
10～15			
15～20			
20～25			
25～30			
30～35			
計	20	1.00	

あれ，てか待って…？ ヒストグラムって，グラフの名前ってことだよね？
「ヒストグラフ」，ではないの…？

ヒストグラムは「histogram」という１つの単語だよ！ 語源は２つのことばが合わさってできたものだね。グラフの一種だけど「〇〇グラフ」という名前ではないものの１つになるね！

STEP 2

1 STEP 1のデータをヒストグラムに表しなさい。

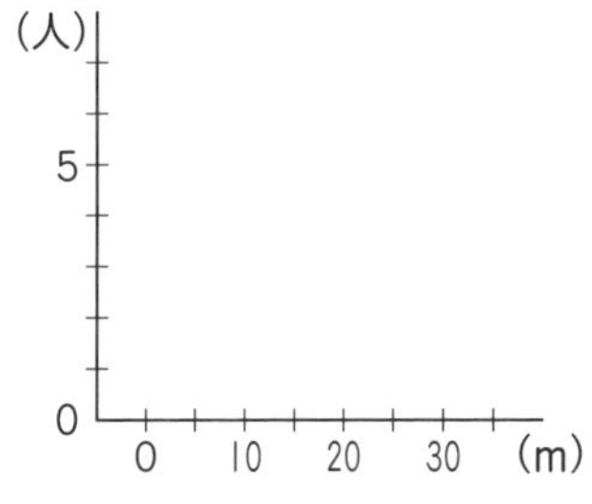

1年　3つの代表値

代表値ってどう使い分けるの？

今日の一問

次のデータの平均値，中央値，最頻値をそれぞれ求めましょう。

データ
〔3，5，6，9，2，2，6，1，4，8，3，0，3〕

出た…！ 平均値，中央値，最頻値…。もう○○値が多すぎてわかんない～！

お，今日は代表値の問題だね！ この「平均値・中央値・最頻値」の３つは，ばらつきのあるデータを代表するものだから，「代表値」といわれているんだ！
ちなみにメイさん，この３つの○○値の中でいちばん見覚えのあるものはどれ…？

平均値！ これはそのまま全体の平均の値ってことだよね？

そう！ これは大丈夫そうだね。じゃあ「中央値」と「最頻値」をとくにていねいに解説するね！ これを見てごらん…？

ROUND 1

データ〔1，2，2，4，6〕の

平均値は $\frac{1+2+2+4+6}{5}$ より 3

中央値は小さい順で３番目の値より 2

最頻値は 2 が２回出てきているので 2

☆３つの代表値

平均値…個々のデータの値の合計を総数でわった値

中央値…データの値を大きさの順にしたときの中央の値（偶数個の場合，中央の２つの値の平均値とする）

最頻値…データの中で，もっとも多く出てくる値

なるほど…。中央にある値で中央値，もっとも頻繁に出る値で最頻値，か。そのままやん！ どういう値かはわかったけど…。平均値はともかく，中央値とかってどこで使うの？

いい質問だね～。そうだね，**平均値は，極端な値に大きく影響されちゃう**んだよね。たとえばデータが「10，10，10，10，10，10，10，10，1000」の９つの場合，平均は「120」になっちゃうんだよね。そんなときに中央値がバランスをとってくれることがあるね！ あと，たとえば５段階評価の成績とか，データの範囲が小さいときは最頻値がとても有効になるよ！

あ，そうか，同じ値が多いから，か！

はなまる！ データによって代表値を使い分けられるようになると，適切に分析(ぶんせき)できるようになるよ！ さて，ここまでをふまえて「今日の一問」に挑(いど)んでみよう～。

FINAL ROUND

平均値 $= \dfrac{(\text{各データの和})}{(\text{データの個数})} = \dfrac{52}{13} = 4$

中央値 ＝小さい順で 7 番目のデータ ＝ 3

最頻値 ＝ 3

この3つの代表値は，それぞれちがう値のときもあるから注意しよう！

練習問題

解答解説 ▶▶ 別冊 31 ページ

STEP **1** 次のデータの「3 つの代表値」をそれぞれ求めなさい。

1 直近 1 週間の最低気温(℃)
〔5，6，5，1，2，4，5〕

だいぶデータの問題に慣れてきたぞ！ そういえば，解いてて思ったんだけど，最頻値って，同じ回数だけ出てくるデータが 2 つ以上あったらどうすればいいの？

平均値＿＿＿＿ 中央値＿＿＿＿ 最頻値＿＿＿＿

STEP **2** 次のデータの「3 つの代表値」をそれぞれ求めなさい。

1 直近 10 日間の最高気温(℃)
〔13，16，8，9，13，10，7，13，12，9〕

そういうときは，同率 1 位のものを全部書き出せばいいよ！ だから，もしデータが全部バラバラの値だったら，最頻値を求める意味はなくなっちゃうよね(笑)。そういうときはほかの代表値を使おう！

平均値＿＿＿＿ 中央値＿＿＿＿ 最頻値＿＿＿＿

2年　四分位範囲と箱ひげ図

箱ひげ図って何？

今日の一問

この箱ひげ図から，中央値・四分位範囲をそれぞれ求めましょう。

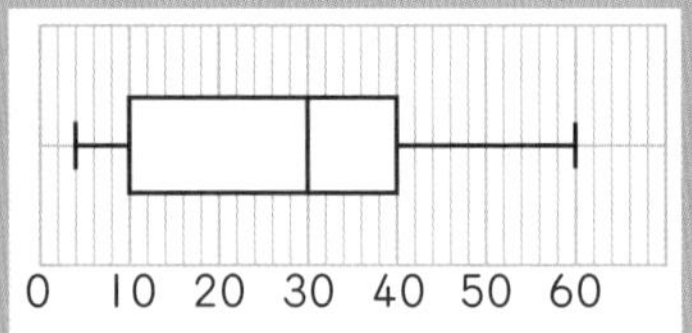

この，「箱ひげ図」ってどういうもの…？ 授業で習ったときに，面白い名前だな～とは思ったんだけど，結局何を表してるのかよくわからなかったんだよね…。

ダメじゃん(笑)。まあ，確かにかわいらしい名前ではあるよね！
でもね，この**「箱ひげ図」は図１つでいろんな値を表すことができる**優れものなんだよ！ この図に，一体いくつの値が表されてると思う？

えー，どうだろ。でもすごいっていうなら，３つ入ってる，とか？

甘いね，正解は５個！

え !! すごいじゃん，「箱ひげ図」！ そんな万能な図だったのか…。

そうだよ～。じゃあ実際にどんな値が表されてるのか確認してみよう！

ROUND 1

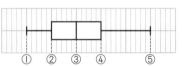

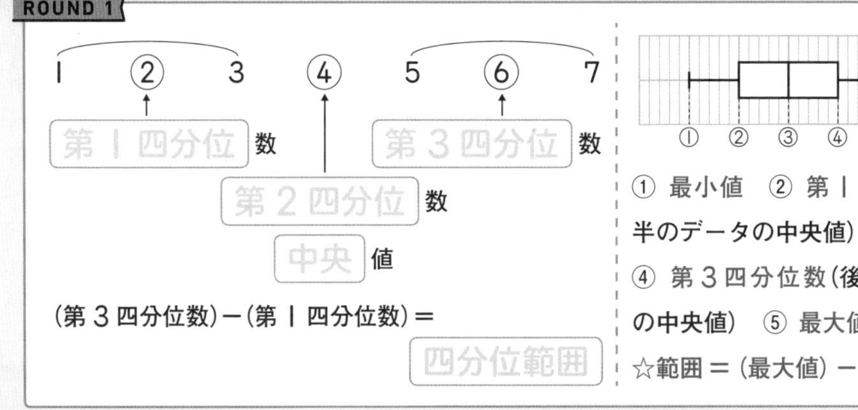

ほんとだ…！ 確かに５個ある，というか，範囲，四分位範囲までふくめたら，合計７個わかることになるじゃん！「箱ひげ図」すごい……。

何回言うのよ(笑)。箱ひげ図ってことばが好きなだけでしょ！ でも，データのばらつきもふくめた全体像を表すのにとても重要だから，ぜひ覚えておくようにしよう～。
ちなみに，図の中心部分(つまり箱になっている部分)の大きさが，四分位範囲の大きさを表しているから，視覚でも読み取れるようにしよう！

それでは，「今日の一問」を解いてみよう～。

FINAL ROUND

中央値は「箱ひげ図」より 30

第１四分位数は 10

第３四分位数は 40 であるから

四分位範囲は 30 である。

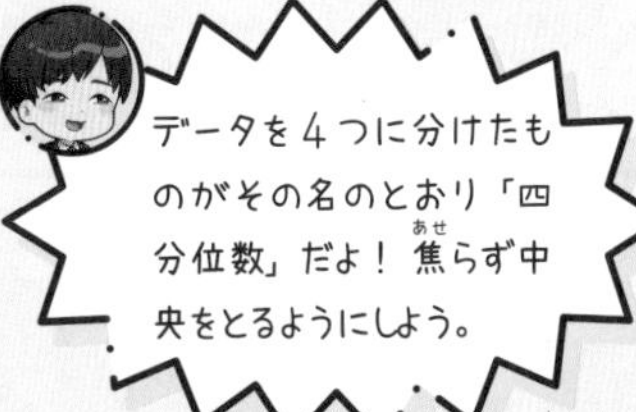

データを４つに分けたものがその名のとおり「四分位数」だよ！焦らず中央をとるようにしよう。

練習問題

解答解説▶▶別冊 32 ページ

STEP 1 次の問題に答えなさい。

あれ，そういえば「箱ひげ図」って面白い名前だね，って話してたけど，この名前の由来って何？ まさか，「箱」と「ひげ」が由来ではない，よね…？

1 この箱ひげ図から，最小値と最大値をそれぞれ求めなさい。

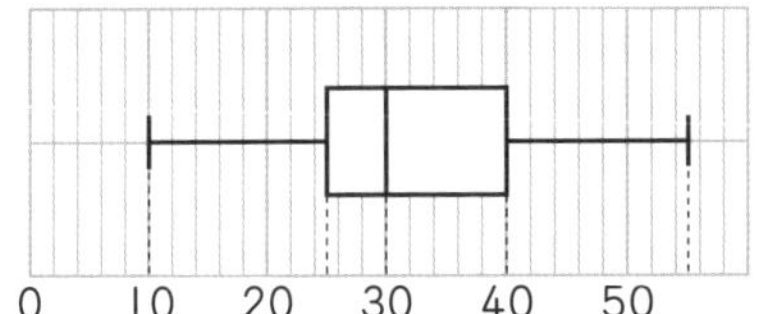

最小値＿＿＿＿＿＿ 最大値＿＿＿＿＿＿

STEP 2 次の問題に答えなさい。

1 この箱ひげ図から，中央値と四分位範囲をそれぞれ求めなさい。

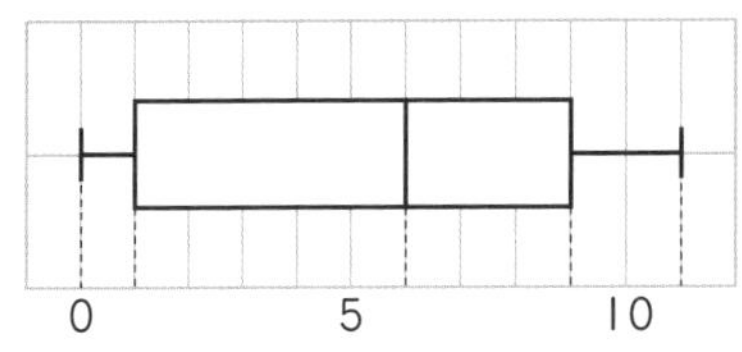

ナナミさん，実はその「まさか」なんだよね～。箱からひげが左右に伸びているような形をしているから，そのまま「箱ひげ図」って名前だよ！びっくりだよね～。

中央値＿＿＿＿＿＿ 四分位範囲＿＿＿＿＿＿

60

2年　データの読み取り

箱ひげ図ってどうやって読み取るの？

今日の一問

次のヒストグラムは，㋐～㋒の箱ひげ図のどれかと対応しています。その箱ひげ図はどれか。㋐～㋒から記号で選びましょう。

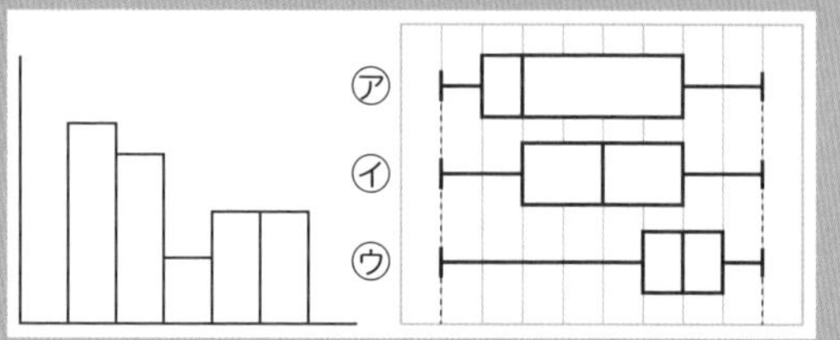

え，これってホントに解けるの…？ 目盛りがないからさ，どこがどの値(あたい)になるか，中央値はどこか，とかはわからないよね…？

そうだね！ でも，値が正確にわからなくても，どのくらいの値かという「見当」をつけることはできるんだ！ たとえば，この「今日の一問」の箱ひげ図の㋒は，第一四分位数(しぶんいすう)が真ん中よりも右にあるよね？

ほんとだ！ え，てことは㋒ではない，ってことだよね？

今回の場合はそうだね！ でも，ヒストグラムの偏(かたよ)りによっては，第一四分位数が真ん中より右にくる㋒みたいなパターンもあるんだ。この図を見てごらん…？

ROUND 1

☆値のないヒストグラムの読み取り

データの個数が20個のとき，中央値は小さい順から 10 個目と 11 個目の値の間であり，第3四分位数は小さい順から 15 個目と 16 個目の値の間になる。

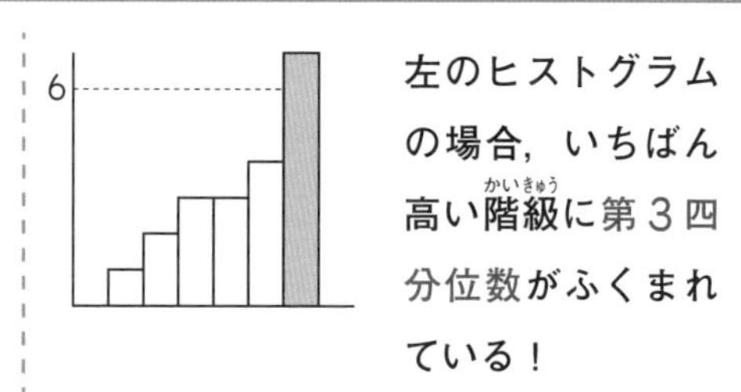

左のヒストグラムの場合，いちばん高い階級(かいきゅう)に第3四分位数がふくまれている！

えーー，こんな偏ること，本当にある…？ さすがになくない？

めったにないデータだけど，0%なわけじゃないでしょ？ 数学は，**少しでも可能性があるものは除外しちゃダメ**なんだ！

なるほど…。じゃあこういう問題は，ヒストグラムから中央値や四分位数を求めて，それが合っているかを選択肢(せんたくし)と照らし合わせて判断する，ってことなんだね？

はなまる！ 値がないからもちろんすごく難しいんだけど，逆に言えば選択問題だから，完璧(かんぺき)に図をつくる必要はないんだ！
じゃあ，ここまでをふまえて，いよいよこの本で最後の「今日の一問」，解いてみよう～。

FINAL ROUND

㋐，㋑，㋒の中央値の位置を確認すると，真ん中より左に中央値が位置しているのは ㋐ だけである。よって，答えは ㋐

選択肢のある問題は，中央値，平均値などの代表値に着目して比べるようにしよう！

練習問題

解答解説▶▶別冊 32 ページ

STEP 1 次の問題に答えなさい。

1

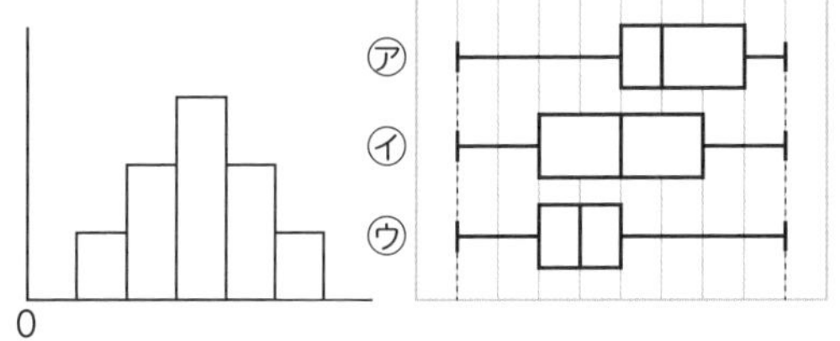

上のヒストグラムは，㋐～㋒の箱ひげ図のどれかと対応しています。その箱ひげ図はどれか，㋐～㋒から記号で選びなさい。

目盛りもデータの個数も書かれてないヒストグラムから，箱ひげ図なんてわかるはずない！と思ってたけど，解いてみると案外できるもんだね～。

STEP 2 次の問題に答えなさい。

1

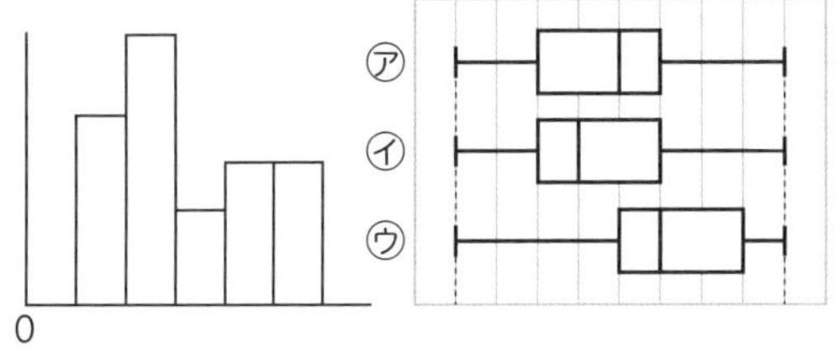

上のヒストグラムは，㋐～㋒の箱ひげ図のどれかと対応しています。その箱ひげ図はどれか，㋐～㋒から記号で選びなさい。

そうだね！あくまで選択肢から選ぶ問題だから，おおよその見当をつければ解くことができるんだ。このように，「答えをイメージする力」もとても大切だから，今後も鍛(きた)えていこう！お疲(つか)れ様！

中学生のみんなへ伝えたいこと

――高校受験へ向けて大変だったことは？

数学はマニアックなくらい好きだったけど，ほかの教科はそうでもなかったから，入試へ向けて点数を上げなくてはならないのがしんどかったな。
でも，ほかの教科もゲーム感覚でやってみると，面白くなっていくことに気づいた。たとえば，定期テストのための勉強計画表を作り，自分で目標を設定してクリアしていくこととか，学年での順位を少しずつ上げていくこととか。そういうところに面白さを見つけて，なんとか数学以外もがんばれるようになったよ。

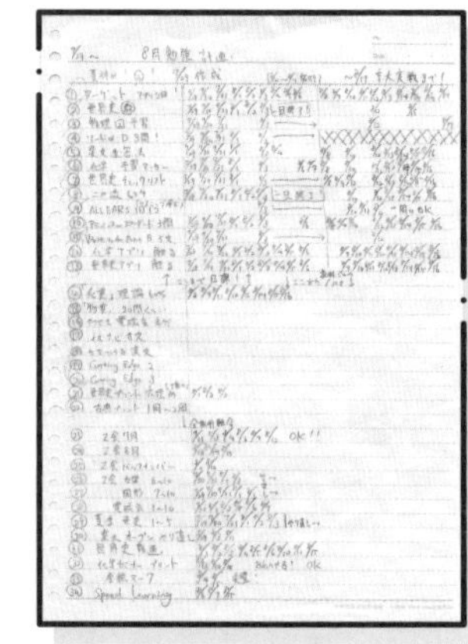
受験のときに作成した勉強計画表

――部活や習い事と受験勉強を両立させるのが大変。うまくいくコツは？

部活や習い事がまったくなかったとして，空いている時間を全部勉強に使える人って，そんなにいないんじゃないかな。限られた時間だからこそ，その時間をむだにしないように集中して取り組めるということもあると思うよ。
また，勉強って，やっぱり継続が大事。だから，どんなに毎日時間がなくても疲れていても，1 時間でも 30 分でもいいから，できることをやってみよう。そうしていると，部活を引退して時間ができたときにグッとギアを入れられて，合格までがんばりぬけるよ。

――自分に合う参考書の選び方がわからない。どこに着目したらいい？

できればインターネット上ではなく，書店で現物を見て買うことをおすすめしたいな。
今，売られている参考書って，中身はどれもそれなりにいいもの。どれを買ってもちゃんと勉強すれば身になるはずなんだ。人におすすめを教えてもらっても，結局やるのは自分。自分が目にしたとき，さわったとき，やる気が出るものを見つければいい。表紙が気に入ったからという“ジャケ買い”でもいいし，これなら楽そうだと思ったものでもいい。
また，手ざわりはどうか，開きやすいか，書きこみやすい紙質かなども合わせてチェックしよう。

――定期テストや模試の結果が出たとき，どうやって振り返ったらいい？

何点だったという結果に目が行きがちだけど，大切なのは自分が何点ぐらい取れたと思っていて，実際は何点だったのかということ。70 点ぐらいかなと思って 70 点なのはいいけど，90 点ぐらいだと思っていて 70 点だったら，その 20 点の差はどこが問題だったのか，

**高校受験に向けて勉強をがんばるみんなに，こーさく先生が大切なことをたくさん教えてくれたよ。
きみの悩みを解決するヒントが見つかるかも！**

ちゃんと確かめるべき。テスト終了直後って，自分でなんとなく手ごたえがわかるはず。けっこうできたなと思っていたのに，できていなかったときは気をつけたほうがいい。それって明らかに変な思いこみがあるせいだから。そこを見極めて，修正していこう。

―― 中学時代は，毎日どのくらい勉強していたの？

部活の引退前でも，毎日１時間は勉強していたと思う。定期テスト週間のときは４時間とか。部活を引退してからは６時間くらいかな。
１日何時間勉強するという目標を立てるのはいいけど，体調の悪い日だってある。くれぐれも無理しすぎないで。定期テストでいつも学年１位だったぼくの同級生がいたんだけど，その子は計画を完璧に実行しようとしすぎて，身体を壊しちゃったんだ。真面目な人ほど，どうしても無理をしすぎてしまう。だからこそ，その日できなかった分は次の日や週末に調整できるようにゆとりをもった計画を立てて，心も体もケアしながら最後までがんばっていこう。

―― 受験生のときに一番しんどかったことは？ どうやって乗り越えたの？

受験本番の１か月くらい前が一番しんどかったな。終わりが見えない気がしてきて。それまでがんばってきた疲れがでて，息切れ気味だったのかもしれない。でも，毎日の勉強のノルマを設定して，それをクリアしたらアイスを食べていいとか，そういう工夫をしてなんとか乗り越えたよ。
いよいよ本番を迎えたら，あとはもう自分に自信をもつだけ！ 過信だっていい。最後は自分なら絶対にできると思い込んで受験会場へ行こう！

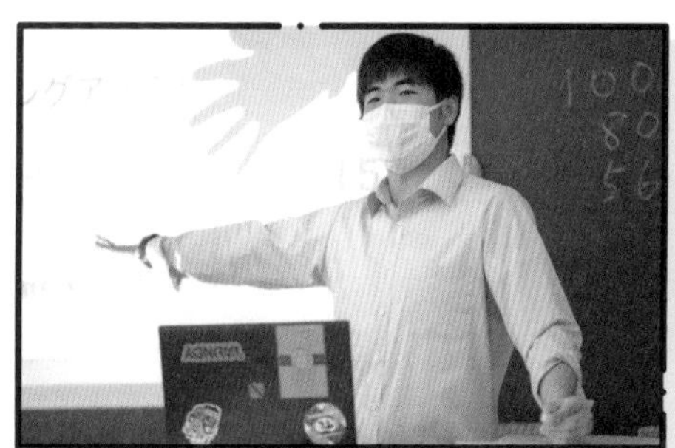

全国の高校で講義やワークショップを実施している

メイ
参考書って“ジャケ買い”でもいいんだ！ 本屋さんにお気に入りを見つけにいこう。

ナナミ
部活は最後まで全力で続けたいけど，１日30分でいいなら，今日から勉強しようかな。

ヒロト
なるほど，おやつをごほうびに利用する作戦もいいよね。さっそく，やってみる！

さくいん＆用語集

色文字になっているページには，くわしい説明があります。

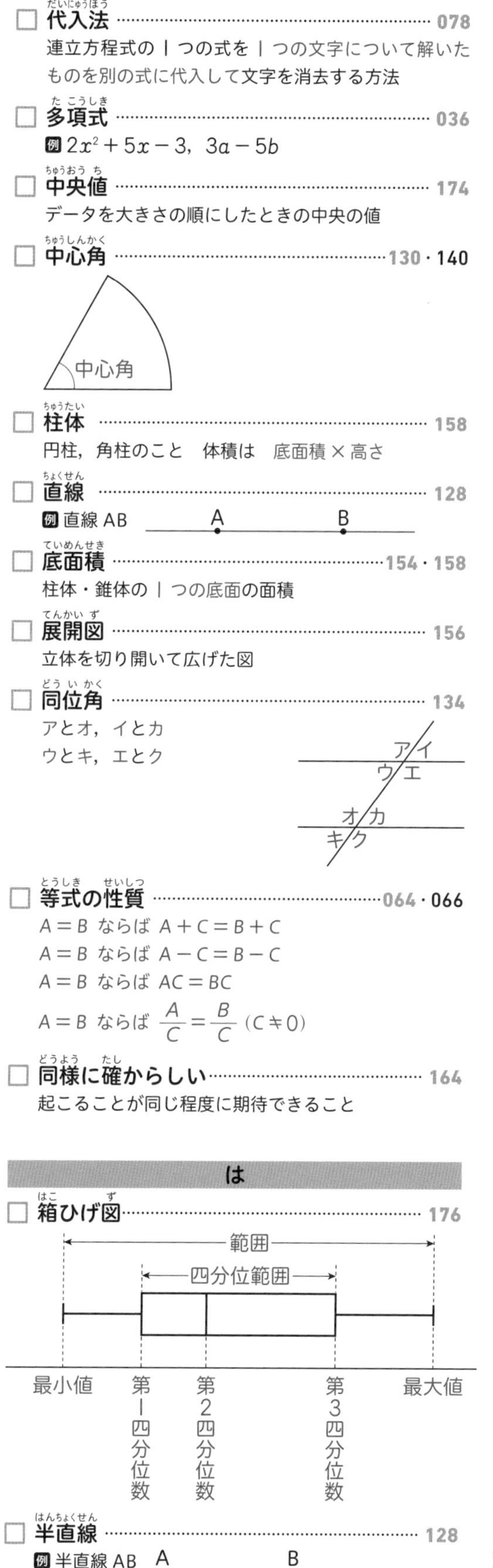

- [ ] **代入法**（だいにゅうほう） …… 078
連立方程式の１つの式を１つの文字について解いたものを別の式に代入して文字を消去する方法

- [ ] **多項式**（たこうしき） …… 036
例 $2x^2+5x-3$，$3a-5b$

- [ ] **中央値**（ちゅうおうち） …… 174
データを大きさの順にしたときの中央の値

- [ ] **中心角**（ちゅうしんかく） …… 130・140

- [ ] **柱体**（ちゅうたい） …… 158
円柱，角柱のこと　体積は　底面積×高さ

- [ ] **直線**（ちょくせん） …… 128
例 直線 AB

- [ ] **底面積**（ていめんせき） …… 154・158
柱体・錐体の１つの底面の面積

- [ ] **展開図**（てんかいず） …… 156
立体を切り開いて広げた図

- [ ] **同位角**（どういかく） …… 134
アとオ，イとカ
ウとキ，エとク

- [ ] **等式の性質**（とうしきのせいしつ） …… 064・066
$A=B$ ならば $A+C=B+C$
$A=B$ ならば $A-C=B-C$
$A=B$ ならば $AC=BC$
$A=B$ ならば $\frac{A}{C}=\frac{B}{C}$ $(C \neq 0)$

- [ ] **同様に確からしい**（どうようにたしからしい） …… 164
起こることが同じ程度に期待できること

は

- [ ] **箱ひげ図**（はこひげず） …… 176

- [ ] **半直線**（はんちょくせん） …… 128
例 半直線 AB

- [ ] **反比例**（はんぴれい） …… 102
x の値が２倍，３倍になると，y の値が $\frac{1}{2}$ 倍，$\frac{1}{3}$ 倍になる関係

- [ ] **比の値**（ひのあたい） …… 072
例 １：３ の比の値は $\frac{1}{3}$　５：２ の比の値は $\frac{5}{2}$

- [ ] **表面積**（ひょうめんせき） …… 158・160
錐体では 側面積＋底面積
柱体では 側面積＋底面積×２

- [ ] **比例**（ひれい） …… 102
x の値が２倍，３倍になると，y の値も２倍，３倍になる関係

- [ ] **分母の有理化**（ぶんぼのゆうりか） …… 058
例 $\frac{1}{\sqrt{2}}=\frac{1\times\sqrt{2}}{\sqrt{2}\times\sqrt{2}}=\frac{\sqrt{2}}{2}$

- [ ] **平均値**（へいきんち） …… 174
個々のデータの値の合計を総数でわった値

- [ ] **平方**（へいほう） …… 026
２乗のこと　例 x の平方は x^2

- [ ] **平方根**（へいほうこん） …… 048
２乗するとその数になる数
例 36 の平方根は６と−６

- [ ] **方程式**（ほうていしき） …… 064・068
文字に特定の値を代入したときに成立する式

ま・や・ら

- [ ] **無理数**（むりすう） …… 060
分数で表せない数　例 $\sqrt{3}$，π

- [ ] **有理数**（ゆうりすう） …… 060
分数で表せる数　例 ２，0.6，$\frac{1}{2}$

- [ ] **立方**（りっぽう） …… 026
３乗のこと　例 x の立方は x^3

- [ ] **累積相対度数**（るいせきそうたいどすう） …… 172
最初の階級からその階級までの相対度数の合計

- [ ] **連立方程式**（れんりつほうていしき） …… 076
同時に成立する２つ以上の方程式を組み合わせたもの

著者紹介

永田耕作

東京大学教育学部４年生。株式会社カルペ・ディエム所属。
公立高校出身で，中学・高校時代は野球部に所属し，勉強と部活の両立を達成。学習塾には通わず，東大に現役合格を果たす。
現在は，全国の高校で講演・ワークショップを実施し，高校生に勉強との向き合い方などを伝える活動を行っている。
著書に『東大生の考え型「まとまらない考え」に道筋が見える』（日本能率協会マネジメントセンター）がある。

Twitter：@NagataKosaku08

□ 企画編集　柳田香織
□ 執筆協力　高橋みか
□ 編集協力　㈱オルタナプロ　㈱カルペ・ディエム　塩田久美子　山中綾子
□ 本文デザイン　齋藤友希／佐野紗希（トリスケッチ部）
□ 図版作成　㈲デザインスタジオエキス.
□ イラスト　月代
□ 監修（認知特性）　本田式認知特性研究所

シグマベスト
こーさく先生と学ぶ
中学数学のきほん 60 レッスン

著　者　永田耕作
発行者　益井英郎
印刷所　岩岡印刷株式会社
発行所　株式会社文英堂
〒601-8121　京都市南区上鳥羽大物町28
〒162-0832　東京都新宿区岩戸町17
（代表）03-3269-4231

●落丁・乱丁はおとりかえします。

解答集

文英堂

1 負の数のたし算・ひき算ってどうやるの？

正負の数の計算①

▸▸本冊 21 ページ

解答

STEP 1　1 5　2 4　3 6

STEP 2　1 5　2 1　3 4

STEP 3　1 2　2 −8　3 −3

解説

STEP 1

1 $2-(-3)=2+3$
$=5$

2 $3-(-1)=3+1$
$=4$

3 $1-(-5)=1+5$
$=6$

STEP 2

1 $-1+6=5$

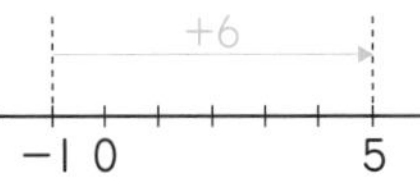

2 $-4+5=1$

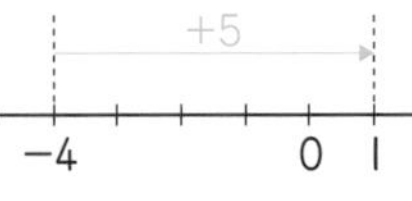

3 $-3+7=4$

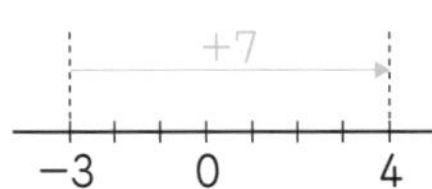

STEP 3

1 $-3-(-5)=-3+5=2$

2 $-2+(-6)=-2-6=-8$

3 $-6-(-3)=-6+3=-3$

STEP 3の中でも，マイナスの数どうしのひき算にはとくに気をつけよう！　かっこをはずすときに，符号（ふごう）の確認を忘れないようにしよう！

2 負の数のかけ算・わり算ってどうやるの？

正負の数の計算②

▸▸本冊 23 ページ

解答

STEP 1　1 6　2 4　3 12

STEP 2　1 −4　2 −3　3 −4

STEP 3　1 −3　2 −2　3 −2

解説

STEP 1

1 $(-3)\times(-2)=+(3\times2)$
$=6$

2 $(-4)\times(-1)=+(4\times1)$
$=4$

3 $(-2)\times(-6)=+(2\times6)$
$=12$

STEP 2

1 $8\div(-2)=-(8\div2)$
$=-4$

2 $15\div(-5)=-(15\div5)$
$=-3$

3 $16\div(-4)=-(16\div4)$
$=-4$

STEP 3

1 $(-6)\times(-2)\div(-4)=-(6\times2\div4)$
$=-3$

2 $(-4)\times(-5)\div(-10)=-(4\times5\div10)$
$=-2$

3 $(-4)\times(-4)\div(-8)=-(4\times4\div8)$
$=-2$

マイナスの数の計算に慣れてきたら，途中（とちゅう）式を書かずに一発で計算できるようにしてみよう！　ただ，計算ミスには気をつけてね！

3 2乗・3乗の計算ってどうやるの？

累乗の計算　▸▸本冊 27 ページ

解答

STEP 1　[1] 16　[2] 125

STEP 2　[1] 49　[2] −64　[3] −36

STEP 3　[1] 81　[2] −32

解説

STEP 1

[1] $4^2 = 4 \times 4$
$= 16$

[2] $5^3 = 5 \times 5 \times 5$
$= 125$

STEP 2

[1] $(-7)^2 = (-7) \times (-7)$
$= 49$

[2] $(-4)^3 = (-4) \times (-4) \times (-4)$
$= -64$

[3] $-6^2 = -6 \times 6$
$= -36$

STEP 3

[1] $3^4 = 3 \times 3 \times 3 \times 3$
$= 81$

[2] $(-2)^5 = (-2) \times (-2) \times (-2) \times (-2) \times (-2)$
$= -32$

「5の3乗」や「3の4乗」などの計算は比較的いろんな問題で使われるから，今のうちに計算のしかたに慣れちゃおう！

4 約数の求め忘れに気づくには…？

約数　▸▸本冊 29 ページ

解答

STEP 1　[1] 1，2，4，8
[2] 1，2，3，6，9，18
[3] 1，2，4，7，14，28
[4] 1，2，19，38

STEP 2　[1] 1，2，3，4，6，8，9，12，18，24，36，72
[2] 1，2，3，4，6，9，12，18，27，36，54，108

解説

STEP 1

[1] 8の約数は
{1，2，4，8}

[2] 18の約数は
{1，2，3，6，9，18}

[3] 28の約数は
{1，2，4，7，14，28}

[4] 38の約数は
{1，2，19，38}

STEP 2

[1] 72の約数は
{1，2，3，4，6，8，9，12，18，24，36，72}

[2] 108の約数は
{1，2，3，4，6，9，12，18，27，36，54，108}

「72」や「108」はさすがに約数が多いね！ 個数が多くなればなるほど，もちろんまちがいも増えるからとくに気をつけよう！

素因数分解ってどうやるの？

素因数分解 ▶▶本冊 31 ページ

解答

STEP 1
1 $2^3 \times 3$　2 2×5^2
3 3^4　4 $2^5 \times 3$

STEP 2
1 $2^4 \times 3^2$　2 2^8

解説

STEP 1

1 $24 = 2^3 \times 3$

2)24
2)12
2) 6
3

2 $50 = 2 \times 5^2$

2)50
5)25
5

3 $81 = 3^4$

3)81
3)27
3) 9
3

4 $96 = 2^5 \times 3$

2)96
2)48
2)24
2)12
2) 6
3

STEP 2

1 $144 = 2^4 \times 3^2$

2)144
2) 72
2) 36
2) 18
3) 9
3

2 $256 = 2^8$

2)256
2)128
2) 64
2) 32
2) 16
2) 8
2) 4
2

素因数分解は素数でもとの数をわり算していくのが基本だけど，大きい数の場合はまず「$144 = 12^2$」のようにざっくり分解するのもアリだね！

係数と次数ってどう求めるの？

文字式の表し方 ▶▶本冊 35 ページ

解答

STEP 1
1 $4x$ 個　2 $(3a + 4b)$ 円

STEP 2
1 係数…6，次数…1
2 係数…−3，次数…3
3 係数…4，次数…6

解説

STEP 1

1

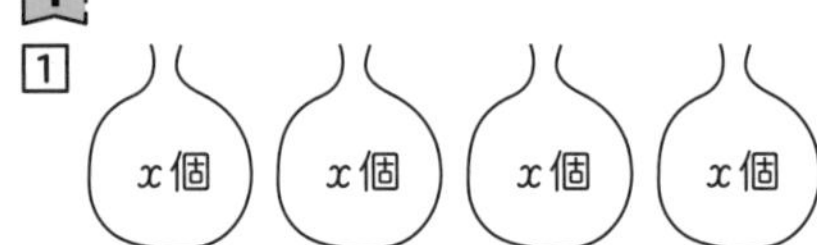

式　$x \times 4 = 4x$　　$4x$ 個

2 式　$a \times 3 + b \times 4 = 3a + 4b$

$(3a + 4b)$ 円

STEP 2

1 $6x$　{係数　6　次数　1

2 $-3a^3$　{係数　−3　次数　3

3 $4xy^3z^2$　{係数　4　次数　6

文字が複数出てくると，次数を求めるのが大変になるよね！
指数を全部確認して，まちがいのないようにたし算しよう！

7 文字式のたし算・ひき算ってどうやるの？

単項式・多項式の計算①　▸▸本冊 39 ページ

解答

STEP 1　1 $5x$　2 $4y$　3 $-4a$

STEP 2　1 a^2+5a
2 $-3x^2+7x$

STEP 3　1 $-b^2-a+4b$
2 $-x^2+6y^2-3x$

解説

STEP 1

1 $x+4x=5x$

2 $-3y+7y=4y$

3 $2a-6a=-4a$

STEP 2

1 $-a^2+5a+2a^2=-a^2+2a^2+5a$
$=a^2+5a$

2 $5x-3x^2+2x=-3x^2+5x+2x$
$=-3x^2+7x$

STEP 3

1 $-b^2+2a+4b-3a$
$=-b^2+2a-3a+4b$
$=-b^2-a+4b$

2 $4y^2+x^2-3x+2y^2-2x^2$
$=x^2-2x^2+4y^2+2y^2-3x$
$=-x^2+6y^2-3x$

計算が複雑になってくると，自分で計算式を書いている過程で2乗が抜けちゃったり，符号を逆にしちゃったりすることがあるから気をつけよう！

8 文字式のかけ算・わり算ってどうやるの？

単項式・多項式の計算②　▸▸本冊 41 ページ

解答

STEP 1　1 x^3　2 y^4　3 a

STEP 2　1 $6ab$　2 $3xy$　3 $4a^3$
4 $3xy^3$

解説

STEP 1

1 $x\times x^2=x^3$

2 $y^3\times y=y^4$

3 $a^4\div a^3=a$

STEP 2

1 $2a\times 3b=6ab$

2 $6xy^2\div 2y=\dfrac{6xy^2}{2y}$
$=3xy$

3 $8a^2\div 6b\times 3ab=\dfrac{8a^2\times 3ab}{6b}$
$=4a^3$

4 $x^2y^2\div 3x\times 9y=\dfrac{x^2y^2\times 9y}{3x}$
$=3xy^3$

数の計算でも文字式の計算でも，かけ算・わり算を分数でまとめるのは鉄則！

$8a^2\div 6b\times 3ab=\dfrac{8a^2}{6a\times 3ab}$

はまちがい！ 分母になるのはわる数 $6b$ だけだよ。注意しよう！

9 文字式に値(あたい)なんてあるの？

代入(だいにゅう)

▶▶本冊 43 ページ

解答

STEP 1 ① 11　② −4　③ 17

STEP 2 ① 8　② 10

解説

STEP 1

① $a=4$ のとき

$2a+3=2\times4+3$
$=11$

② $b=-1$ のとき

$-b^2+3b=-(-1)^2+3\times(-1)$
$=(-1)+(-3)$
$=-4$

③ $x=3$ のとき

$3x^2-4x+2=3\times3^2-4\times3+2$
$=27-12+2$
$=17$

STEP 2

① $a=-1$, $b=5$ のとき

$-2a^2+b^2-3b$
$=(-2)\times(-1)^2+5^2-3\times5$
$=-2+25-15$
$=8$

② $x=-2$, $y=-3$ のとき

$3x-2x^2+y^2-5y$
$=3\times(-2)-2\times(-2)^2+(-3)^2-5\times(-3)$
$=-6-8+9+15$
$=10$

式が複雑になってきたときは，式を整理してから値を代入してみよう。そうすると，ミスが少なくなるよ！

10 (　)のついた式ってどう展開(てんかい)するの？

乗法(じょうほう)公式の基本

▶▶本冊 45 ページ

解答

STEP 1
① $20a-15b$
② $-2x^2-4xy$
③ $3ab-9ac$

STEP 2
① $xy-4x-3y+12$
② a^2+4a-5
③ $b^2-8b+12$

解説

STEP 1

① $5(4a-3b)=5\times4a+5\times(-3b)$
$=20a-15b$

② $-2x(x+2y)$
$=(-2x)\times x+(-2x)\times2y$
$=-2x^2-4xy$

③ $3a(b-3c)=3a\times b+3a\times(-3c)$
$=3ab-9ac$

STEP 2

① $(x-3)(y-4)=x(y-4)-3(y-4)$
$=xy-4x-3y+12$

② $(a-1)(a+5)$
$=a^2+(-1+5)a+(-1)\times5$
$=a^2+4a-5$

③ $(b-2)(b-6)$
$=b^2+(-2-6)b+(-2)\times(-6)$
$=b^2-8b+12$

「$(x+a)(x+b)$」の形の展開はここから先の問題で信じられないほどたくさん出てくるよ！確実にマスターしよう！

11 文字式の2乗ってどうやって計算するの？

乗法公式の応用　▶▶本冊47ページ

解答

STEP 1

1 $x^2+4xy+4y^2$

2 a^2-6a+9

3 $9a^2-30ab+25b^2$

STEP 2

1 $4x^2-4xy+y^2$

2 $4a^2+12a+9$

3 $16a^2-16ab+4b^2$

解説

STEP 1

1 $(x+2y)^2=x^2+2\times x\times(2y)+(2y)^2$
$=x^2+4xy+4y^2$

2 $(a-3)^2=a^2-2\times a\times 3+3^2$
$=a^2-6a+9$

3 $(3a-5b)^2$
$=(3a)^2-2\times(3a)\times(5b)+(5b)^2$
$=9a^2-30ab+25b^2$

STEP 2

1 $(-2x+y)^2=\{-(2x-y)\}^2$
$=(2x-y)^2$
$=(2x)^2-2\times(2x)\times y+y^2$
$=4x^2-4xy+y^2$

2 $(-2a-3)^2=\{-(2a+3)\}^2$
$=(2a+3)^2$
$=(2a)^2+2\times(2a)\times 3+3^2$
$=4a^2+12a+9$

3 $(-4a+2b)^2$
$=\{-(4a-2b)\}^2$
$=(4a-2b)^2$
$=(4a)^2-2\times(4a)\times(2b)+(2b)^2$
$=16a^2-16ab+4b^2$

STEP 2のように係数にマイナスが出てくる2乗の計算は、ミスが多くなりがちだよ！ 慣れるまでは符号を反転させてから計算しよう～。

12 平方根とルートって何がちがうの？

平方根とは　▶▶本冊49ページ

解答

STEP 1

1 5　2 −7　3 1

STEP 2

1 8, −8　2 10, −10

3 1, −1　4 0

解説

STEP 1

1 $\sqrt{25}=\sqrt{5^2}=5$

2 $-\sqrt{49}=-\sqrt{7^2}=-7$

3 $\sqrt{1}=\sqrt{1^2}=1$

STEP 2

1 64の平方根は
$\pm\sqrt{64}=\pm\sqrt{8^2}=\pm 8$
より 8, −8

2 100の平方根は
$\pm\sqrt{100}=\pm\sqrt{10^2}=\pm 10$
より 10, −10

3 1の平方根は
$\pm\sqrt{1}=\pm\sqrt{1^2}=\pm 1$
より 1, −1

4 0の平方根は
$\pm\sqrt{0}=\pm\sqrt{0^2}=0$
より 0

0の平方根は0だけだね！ 0はプラスやマイナスをつけずにそのまま表すことをおさえておこう。

13 ルートの数の計算ってどうやるの？①

平方根の計算①

▸▸本冊 51 ページ

解答

STEP 1

1 $6\sqrt{2}$　2 12　3 4

4 $-\dfrac{3\sqrt{3}}{4}$

STEP 2

1 $\sqrt{3}$　2 $2\sqrt{2}$

解説

STEP 1

1
$$\sqrt{6}\times2\sqrt{3}=2\sqrt{18}=2\times(3\sqrt{2})=6\sqrt{2}$$

2
$$(-\sqrt{2})\times(-3\sqrt{8})=+3\sqrt{16}=3\times4=12$$

3
$$4\sqrt{12}\div2\sqrt{3}=\frac{4\sqrt{12}}{2\sqrt{3}}=2\sqrt{4}=4$$

4
$$3\sqrt{6}\div(-4\sqrt{2})=-\frac{3\sqrt{6}}{4\sqrt{2}}=-\frac{3\sqrt{3}}{4}$$

STEP 2

1
$$\sqrt{2}\times(-3\sqrt{18})\div(-6\sqrt{3})=+\frac{\sqrt{2}\times3\sqrt{18}}{6\sqrt{3}}=\frac{\sqrt{12}}{2}=\sqrt{3}$$

2
$$\sqrt{15}\div2\sqrt{45}\times4\sqrt{6}=\frac{\sqrt{15}\times4\sqrt{6}}{2\sqrt{45}}=2\sqrt{2}$$

計算が複雑になってきたら，とりあえずかけ算とわり算をまとめて分数の形にして，そのあとにルートの中を整理するとミスが少なくなるよ！

14 ルートをふくむ数の大きさってどう比べる？

平方根のおおよその大きさ

▸▸本冊 53 ページ

解答

STEP 1

1 $\sqrt{24}$　2 $\sqrt{80}$　3 $\sqrt{75}$

STEP 2

1 $3\sqrt{2}$　2 $3\sqrt{3}$

3 $5\sqrt{2}$　4 9

解説

STEP 1

1 $2\sqrt{6}=\sqrt{2^2\times6}=\sqrt{24}$

2 $4\sqrt{5}=\sqrt{4^2\times5}=\sqrt{80}$

3 $5\sqrt{3}=\sqrt{5^2\times3}=\sqrt{75}$

STEP 2

1 $\begin{cases}3\sqrt{2}=\sqrt{3^2\times2}=\sqrt{18}\\4=\sqrt{4^2}=\sqrt{16}\end{cases}$ より $3\sqrt{2}$

2 $\begin{cases}2\sqrt{6}=\sqrt{2^2\times6}=\sqrt{24}\\5=\sqrt{5^2}=\sqrt{25}\\3\sqrt{3}=\sqrt{3^2\times3}=\sqrt{27}\end{cases}$ より $3\sqrt{3}$

3 $\begin{cases}7=\sqrt{7^2}=\sqrt{49}\\5\sqrt{2}=\sqrt{5^2\times2}=\sqrt{50}\\4\sqrt{3}=\sqrt{4^2\times3}=\sqrt{48}\end{cases}$ より $5\sqrt{2}$

4 $\begin{cases}4\sqrt{5}=\sqrt{4^2\times5}=\sqrt{80}\\9=\sqrt{9^2}=\sqrt{81}\\5\sqrt{3}=\sqrt{5^2\times3}=\sqrt{75}\end{cases}$ より 9

4の2乗(じょう)や2の3乗とかは，ルートの計算で非常によく使われるから，値(あたい)を覚えておくと楽になるよ！

15 ルートの数の計算ってどうやるの？②

平方根(へいほうこん)の計算②　▸▸本冊 57 ページ

解答

STEP 1　① $6\sqrt{2}$　② $5\sqrt{3}$　③ $4\sqrt{6}$

STEP 2　① $2\sqrt{3}$　② $\sqrt{2}$　③ 0　④ $-5\sqrt{6}$

解説

STEP 1

① $\sqrt{72}=\sqrt{36\times2}=\sqrt{6^2\times2}=6\sqrt{2}$

② $\sqrt{75}=\sqrt{25\times3}=\sqrt{5^2\times3}=5\sqrt{3}$

③ $\sqrt{96}=\sqrt{16\times6}=\sqrt{4^2\times6}=4\sqrt{6}$

STEP 2

① $-\sqrt{3}+\sqrt{27}=-\sqrt{3}+3\sqrt{3}$
$=2\sqrt{3}$

② $\sqrt{32}+\sqrt{8}-\sqrt{50}$
$=4\sqrt{2}+2\sqrt{2}-5\sqrt{2}$
$=\sqrt{2}$

③ $-\sqrt{20}+\sqrt{45}-\sqrt{5}$
$=-2\sqrt{5}+3\sqrt{5}-\sqrt{5}$
$=0$

④ $2\sqrt{24}+3\sqrt{6}-4\sqrt{54}$
$=2\times(2\sqrt{6})+3\sqrt{6}-4\times(3\sqrt{6})$
$=4\sqrt{6}+3\sqrt{6}-12\sqrt{6}$
$=-5\sqrt{6}$

ルートの中の数を小さくすることが苦手な場合は，本冊 p.30 に戻(もど)って素因数分解(そいんすうぶんかい)を復習するといいよ！

16 有理化(ゆうりか)ってなんでしなきゃいけないの？

分母の有理化　▸▸本冊 59 ページ

解答

STEP 1　① $\dfrac{5\sqrt{2}}{2}$　② $\dfrac{\sqrt{6}}{6}$　③ $\dfrac{7\sqrt{10}}{10}$

STEP 2　① $\dfrac{2\sqrt{6}}{3}$　② $2\sqrt{2}$　③ $\dfrac{3\sqrt{7}}{4}$　④ $\dfrac{2\sqrt{5}}{3}$

解説

STEP 1

① $\dfrac{5}{\sqrt{2}}=\dfrac{5\times\sqrt{2}}{\sqrt{2}\times\sqrt{2}}=\dfrac{5\sqrt{2}}{2}$

② $\dfrac{1}{\sqrt{6}}=\dfrac{\sqrt{6}}{\sqrt{6}\times\sqrt{6}}=\dfrac{\sqrt{6}}{6}$

③ $\dfrac{7}{\sqrt{10}}=\dfrac{7\times\sqrt{10}}{\sqrt{10}\times\sqrt{10}}=\dfrac{7\sqrt{10}}{10}$

STEP 2

① $\dfrac{4}{\sqrt{6}}=\dfrac{4\times\sqrt{6}}{\sqrt{6}\times\sqrt{6}}=\dfrac{4\sqrt{6}}{6}=\dfrac{2\sqrt{6}}{3}$

② $\dfrac{8}{2\sqrt{2}}=\dfrac{8\times\sqrt{2}}{2\sqrt{2}\times\sqrt{2}}=\dfrac{8\sqrt{2}}{4}=2\sqrt{2}$

③ $\dfrac{21}{4\sqrt{7}}=\dfrac{21\times\sqrt{7}}{4\sqrt{7}\times\sqrt{7}}=\dfrac{21\sqrt{7}}{28}$
$=\dfrac{3\sqrt{7}}{4}$

④ $\dfrac{10}{3\sqrt{5}}=\dfrac{10\times\sqrt{5}}{3\sqrt{5}\times\sqrt{5}}=\dfrac{10\times\sqrt{5}}{15}$
$=\dfrac{2\sqrt{5}}{3}$

STEP 2 の②に関しては，先に分母の 2 と分子の 8 を約分して整理してから，有理化してもいいよ！

17 左辺から右辺に項を移すとどうなるの？

移項とは　▸▸本冊 65 ページ

解答

STEP 1　① $x=2$　② $x=8$　③ $x=6$

STEP 2　① $x=5$　② $x=4$
③ $x=-2$

解説

STEP 1

①
$$x+4=6$$
$$x+4-4=6-4$$
$$x=2$$

②
$$x-3=5$$
$$x-3+3=5+3$$
$$x=8$$

③
$$2+x=8$$
$$2+x-2=8-2$$
$$x=6$$

STEP 2

①
$$2x-7=3$$
$$2x-7+7=3+7$$
$$2x=10$$
$$x=5$$

②
$$4x+9=25$$
$$4x+9-9=25-9$$
$$4x=16$$
$$x=4$$

③
$$-3x-6=0$$
$$-3x-6+6=0+6$$
$$-3x=6$$
$$x=-2$$

基本的に x を左辺にもってくることが多いけど，係数（けいすう）がマイナスにならないように x を右辺にもってきてもよいことは頭に入れておこう！

18 方程式（ほうていしき）ってどうやって解くの？

方程式を解く　▸▸本冊 67 ページ

解答

STEP 1　① $x=7$　② $x=3$

STEP 2　① $a=-3$　② $y=\frac{6}{5}$

解説

STEP 1

①
$$0.3x+0.8=0.6x-1.3$$
$$3x+8=6x-13$$
$$3x-6x=-13-8$$
$$-3x=-21$$
$$x=7$$

②
$$-\frac{1}{2}x+3=\frac{2}{3}x-\frac{1}{2}$$
$$6\left(-\frac{1}{2}x+3\right)=6\left(\frac{2}{3}x-\frac{1}{2}\right)$$
$$-3x+18=4x-3$$
$$-3x-4x=-3-18$$
$$-7x=-21$$
$$x=3$$

STEP 2

①
$$-0.9a+1.7=-0.7a+2.3$$
$$-9a+17=-7a+23$$
$$-9a+7a=23-17$$
$$-2a=6$$
$$a=-3$$

②
$$\frac{3}{4}y-\frac{5}{6}=-\frac{1}{2}y+\frac{2}{3}$$
$$12\left(\frac{3}{4}y-\frac{5}{6}\right)=12\left(-\frac{1}{2}y+\frac{2}{3}\right)$$
$$9y-10=-6y+8$$
$$9y+6y=8+10$$
$$15y=18$$
$$y=\frac{6}{5}$$

答えは整数になるとは限らないよ！
複雑な分数や小数が答えになっても，検算して方程式が成り立てば，その解は必ず正しいよ！

19 方程式ってどうやってつくるの？

1次方程式と文章題 ▸▸本冊 71 ページ

解答

STEP 1 ① 17 cm

STEP 2 ① 14 人

解説

STEP 1

① 短いほうのひもの長さを x cm とすると，長いほうのひもの長さは $(x+6)$ cm と表せる。
よって，式は

式：$x+(x+6)=40$
$2x+6=40$
$2x=34$
$x=17$

答えは　17 cm

STEP 2

① クラスの人数を x 人とすると，アメの個数を 2 通りの表し方で表すことができる。
これを等式で結ぶと，

式：$3x+9=4x-5$
$3x-4x=-5-9$
$-x=-14$
$x=14$

答えは　14 人

文章題は問題の状況をイメージしながら解いてみよう！ そうすると，答えの予想もしやすくなるよ！

20 比の値ってなんだろう？

比とその値 ▸▸本冊 73 ページ

解答

STEP 1 ① $\frac{3}{4}$　② $\frac{2}{7}$　③ $\frac{5}{6}$

STEP 2 ① $\frac{1}{7}$　② 3　③ 5

解説

STEP 1

① $3 \div 4 = \frac{3}{4}$

② $2 \div 7 = \frac{2}{7}$

③ $5 \div 6 = \frac{5}{6}$

STEP 2

① $1 \div 7 = \frac{1}{7}$

② $9 \div 3 = 3$

③ $5 \div 1 = 5$

簡単だからこそ油断は禁物！
分母と分子を逆にしちゃうミスはとくに多いから気をつけよう！

21 比例式ってどうやって解くの？

比例式を解く ▶▶本冊 75 ページ

解答

STEP 1

1 $x=4$　　2 $x=5$

3 $x=2$

STEP 2

1 $x=12$　　2 $x=5$

解説

STEP 1

1 $2\times10=5\times x$

$5x=20$

$x=4$

2 $3\times15=x\times9$

$9x=45$

$x=5$

3 $x\times5=1\times10$

$5x=10$

$x=2$

STEP 2

1 $4(x-3)=x\times3$

$4x-12=3x$

$x=12$

2 $2x\times7=5(3x-1)$

$14x=15x-5$

$-x=-5$

$x=5$

xの値が求まったら，それをもとの比例式に代入して，成り立つかを確かめてみよう！

22 連立方程式ってどういう式のこと？

連立方程式の解き方① ▶▶本冊 77 ページ

解答

STEP 1

1 $x=3,\ y=2$

2 $x=3,\ y=1$

STEP 2

1 $a=-1,\ b=1$

2 $a=-2,\ b=1$

解説

STEP 1

1 $\begin{cases} x+4y=11 & \text{—①} \\ x+3y=9 & \text{—②} \end{cases}$

①－②で　$y=2$

これを①に代入して

$x+4\times2=11$

$x=3$

ゆえに　$x=3,\ y=2$

2 $\begin{cases} 2x+y=7 & \text{—①} \\ 3x-y=8 & \text{—②} \end{cases}$

①＋②で　$5x=15$　ゆえに　$x=3$

これを①に代入して

$2\times3+y=7$

$y=1$

ゆえに　$x=3,\ y=1$

STEP 2

1 $\begin{cases} 2a-4b=-6 & \text{—①} \\ -a+5b=6 & \text{—②} \end{cases}$

②×2　$-2a+10b=12$　—③

①＋③で　$6b=6$

$b=1$

これを①に代入して

$2a-4\times1=-6$

$a=-1$

ゆえに　$a=-1,\ b=1$

2 $\begin{cases} -2a+3b=7 & —① \\ -3a+2b=8 & —② \end{cases}$

①×2　$-4a+6b=14$ —③

②×3　$-9a+6b=24$ —④

③－④で　$5a=-10$

$a=-2$

これを①に代入して

$-2\times(-2)+3b=7$

$b=1$

ゆえに　$a=-2,\ b=1$

これも今までの方程式と同じで，解が出たらそれをもとの2つの式に代入してみよう！ それをすることでミスを減らせるよ！

23 連立方程式ってどうやって解くの？

連立方程式の解き方②

▸▸本冊 79 ページ

解答

STEP 1　1 $x=-2,\ y=-2$

2 $x=-7,\ y=1$

STEP 2　1 $x=\frac{19}{11},\ y=\frac{31}{11}$

解説

STEP 1

1 $\begin{cases} y=3x+4 & —① \\ -2x+3y=-2 & —② \end{cases}$

①を②に代入して

$-2x+3(3x+4)=-2$

整理して　$7x=-14$

$x=-2$

これを①に代入して

$y=3\times(-2)+4$

$=-2$

ゆえに　$x=-2,\ y=-2$

2 $\begin{cases} x=-2y-5 & —① \\ -x+3y=10 & —② \end{cases}$

①を②に代入して

$-(-2y-5)+3y=10$

整理して　$5y=5$

$y=1$

これを①に代入して

$x=-2-5$

$=-7$

ゆえに　$x=-7,\ y=1$

STEP 2

1 $\begin{cases} x+4y=13 & —① \\ 2x-3y=-5 & —② \end{cases}$

①を変形して　$x=-4y+13$ —③

③を②に代入して

$2(-4y+13)-3y=-5$

整理して　$-11y=-31$

$y=\frac{31}{11}$

これを③に代入して

$x=(-4)\times\frac{31}{11}+13$

$=\frac{19}{11}$

ゆえに　$x=\frac{19}{11},\ y=\frac{31}{11}$

複雑な分数が答えになるとどうしても不安になっちゃうよね！
こういうときこそ，もとの式に代入して検算しよう！

24 連立方程式ってどうやってつくるの？

連立方程式と文章題 ▶▶本冊 81 ページ

解答

STEP 1 ① ケーキ…350 円
マカロン…120 円

STEP 2 ① 男子生徒…160 人
女子生徒…140 人

解説

STEP 1

① 求める値段をそれぞれ，ケーキ x 円，マカロン y 円とすると，

$$\begin{cases} 3x+5y=1650 & —① \\ 4x+y=1520 & —② \end{cases}$$

の 2 式が成立する。

②を変形して　$y=-4x+1520$　—③

③を①に代入して

$3x+5(-4x+1520)=1650$

整理して　$-17x=-5950$

$x=350$

これを③に代入して

$y=(-4)\times 350+1520$

$=120$

よって，ケーキ 350 円，マカロン 120 円

文章題は答えが現実的にありえる値かどうかも確認してみよう！ たとえばケーキとマカロンの値段はマイナスの数にはならないよね！

STEP 2

① この学校の男子生徒を x 人，女子生徒を y 人だとすると，

$$\begin{cases} x+y=300 & —① \\ 0.3x+0.2y=76 & —② \end{cases}$$

①を変形して　$y=-x+300$　—③

③を②に代入して

$0.3x+0.2(-x+300)=76$

式の両辺を 10 倍して

$3x+2(-x+300)=760$

整理して　$x=160$

これを③に代入して

$y=-160+300=140$

よって，

男子生徒 160 人，女子生徒 140 人

25 因数分解ってどうやってやるの？

因数分解とは ▶▶本冊 83 ページ

解答

STEP 1 ① $b(a+2c)$　② $4x(x-2y)$
③ $3x^2(xy-2)$

STEP 2 ① $(x-4)(x-2)$
② $(x+3)^2$

解説

STEP 1

① $ab+2bc=b(a+2c)$

② $4x^2-8xy=4x(x-2y)$

③ $-6x^2+3x^3y=3x^2(-2+xy)$

$=3x^2(xy-2)$

STEP 2

① x^2-6x+8

$=x^2+\{(-4)+(-2)\}x+(-4)\times(-2)$

$=(x-4)(x-2)$

② $x^2+6x+9=x^2+(2\times 3)x+3^2$

$=(x+3)^2$

係数と文字それぞれについて，共通因数をまず探してそれでくくるようにしよう！ 慣れないうちは 1 つずつやっていこう～。

26 因数分解できるかどうかわかる？

因数分解の公式

▸▸本冊 85 ページ

解答

STEP 1　1 $(x+2)(x-2)$

2 $(y+6)(y-6)$

STEP 2　1 $(2x+3)(2x-3)$

2 $(3x+4y)(3x-4y)$

解説

STEP 1

1 $x^2-4=x^2-2^2$

$=(x+2)(x-2)$

2 $y^2-36=y^2-6^2$

$=(y+6)(y-6)$

STEP 2

1 $4x^2-9=(2x)^2-3^2$

$=(2x+3)(2x-3)$

2 $9x^2-16y^2=(3x)^2-(4y)^2$

$=(3x+4y)(3x-4y)$

「$4x^2$」は「$2x$」の 2 乗だからね！「$4x$」の 2 乗とまちがえてしまうことが多いから，とくに気をつけて計算をしよう！

27 2 次方程式と 1 次方程式のちがいって？

2 次方程式とは

▸▸本冊 87 ページ

解答

STEP 1　1 $x=\pm\sqrt{6}$　　2 $x=\pm3$

STEP 2　1 $x=\pm3$　　2 $x=\pm2$

解説

STEP 1

1 $x^2=6$

$x=\pm\sqrt{6}$

2 $3x^2=27$

$x^2=9$

$x=\pm3$

STEP 2

1 $5x^2+7=52$

$5x^2=45$

$x^2=9$

$x=\pm3$

2 $-3x^2+19=7$

$-3x^2=-12$

$x^2=4$

$x=\pm2$

慣れてくるとついつい「±」を書き忘れちゃうことがあるけど，これで減点されるのはとてももったいないよね。だからこそ，とくに気をつけよう！

28 2次方程式ってどうやって解くの？

2次方程式の解き方①

▶▶本冊 89 ページ

解答

STEP 1 [1] $x=1,\ 4$　　[2] $x=-3$

STEP 2 [1] $x=-1,\ -5$

[2] $x=2,\ 6$

解説

STEP 1

[1]

$$x^2-5x+4=0$$
$$(x-1)(x-4)=0$$
$$x=1,\ 4$$

[2]

$$x^2+6x+9=0$$
$$(x+3)^2=0$$
$$x=-3$$

STEP 2

[1]

$$2x^2+12x+10=0$$
$$x^2+6x+5=0$$
$$(x+1)(x+5)=0$$
$$x=-1,\ -5$$

[2]

$$x^2+12=8x$$
$$x^2-8x+12=0$$
$$(x-6)(x-2)=0$$
$$x=2,\ 6$$

$(x+3)$ が 0 になるとき，x の値は「$+3$」ではなく「-3」になるよ！
計算が複雑になればなるほど，簡単なところに気をつけよう！

29 因数分解できない2次方程式はどうする？

2次方程式の解き方②

▶▶本冊 91 ページ

解答

STEP 1 [1] $x=-4\pm\sqrt{11}$

[2] $x=\dfrac{7\pm\sqrt{13}}{2}$

STEP 2 [1] $x=\dfrac{5\pm\sqrt{29}}{2}$

[2] $x=\dfrac{-11\pm\sqrt{217}}{6}$

解説

STEP 1

[1] $a=1,\ b=8,\ c=5$ を

「2次方程式の解の公式」に代入して

$$x=\frac{-8\pm\sqrt{8^2-4\times1\times5}}{2\times1}$$
$$=\frac{-8\pm\sqrt{44}}{2}=-4\pm\sqrt{11}$$

[2] $a=1,\ b=-7,\ c=9$ を

「2次方程式の解の公式」に代入して

$$x=\frac{-(-7)\pm\sqrt{(-7)^2-4\times1\times9}}{2\times1}$$
$$=\frac{7\pm\sqrt{13}}{2}$$

STEP 2

[1] $-x^2+5x+1=0$ より

$$x^2-5x-1=0$$

$a=1,\ b=-5,\ c=-1$ を

「2次方程式の解の公式」に代入して

$$x=\frac{-(-5)\pm\sqrt{(-5)^2-4\times1\times(-1)}}{2\times1}$$
$$=\frac{5\pm\sqrt{29}}{2}$$

[2] $a=3,\ b=11,\ c=-8$ を

「2次方程式の解の公式」に代入して

$$x=\frac{-11\pm\sqrt{11^2-4\times3\times(-8)}}{2\times3}$$
$$=\frac{-11\pm\sqrt{217}}{6}$$

2次方程式の解の公式は，$\sqrt{\ }$ の中の「b^2-4ac」を覚えるのがいちばん大変だから，まずここを何回も見て確認するようにしよう！

30 2次方程式ってどうやってつくるの？

2次方程式と文章題

▶▶本冊 93 ページ

解答

STEP 1 [1] 縦…4 cm，横…8 cm

STEP 2 [1] 兄…9 歳，弟…6 歳

解説

STEP 1

[1] 縦の長さを a cm とすると，周の長さが 24 cm であることから縦と横の長さの和は 12 cm であるため，横の長さを $(12-a)$ cm とおくことができる。

acm　32cm²　acm

ゆえに，式 $a(12-a)=32$ が成り立つ。

整理すると，

$$a^2-12a+32=0$$
$$(a-8)(a-4)=0$$
$$a=4,\ 8$$

横のほうが縦より長いことから

縦 4 cm，横 8 cm

STEP 2

[1] 弟の年齢を x 歳とすると，兄の年齢は $(x+3)$ 歳とおくことができる。

ゆえに，$x^2=4(x+3)$

整理すると，

$$x^2-4x-12=0$$
$$(x-6)(x+2)=0$$
$$x=-2,\ 6$$

x は弟の年齢を表しているので，$x>0$

ゆえに　$x=6$

よって，兄 9 歳，弟 6 歳

兄の年齢を x 歳，弟の年齢を $(x-3)$ 歳とおいても同じように2次方程式で解くことができるよ！余裕があったらやってみよう～。

31 x 座標，y 座標って何のこと？

座標とは　▶▶ 本冊 99 ページ

解答

STEP 1　1 B（2，－5）　2 C（－2，5）

STEP 2　1 E（－3，4）　2 F（3，－4）

解説

STEP 1

1 点 A（2，5）の y 座標を正負反転より，答えは　B（2，－5）

2 点 A（2，5）の x 座標を正負反転より，答えは　C（－2，5）

STEP 2

1 点 D（－3，－4）の y 座標を正負反転より，答えは　E（－3，4）

2 点 D（－3，－4）の x 座標を正負反転より，答えは　F（3，－4）

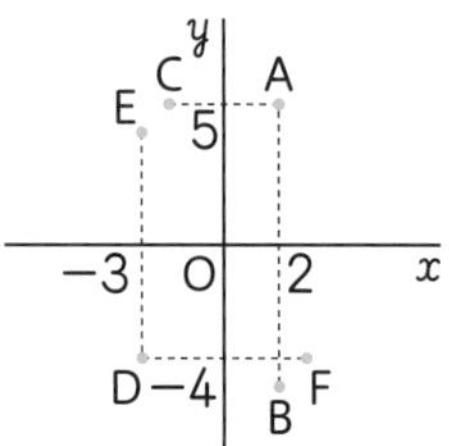

計算で求めた答えを，実際にこのように図に表してみると，対称になっているかが確認しやすいよ！

32 「関数」ってなんだろう？

関数の定義　▶▶ 本冊 101 ページ

解答

STEP 1　1 ア，イ

STEP 2　1 $y=70x$　2 $x=\frac{1}{6}y$

解説

STEP 1

1 ア，イ

$$\left\{\begin{array}{l}ア：y=4x\\イ：y=500-x\end{array}\right\}$$

STEP 2

1 $y=70x$

2 $x=\frac{1}{6}y$

具体的な値を x や y に代入してみると答えの検算がしやすいよ！ たとえば 2 なら，縦の長さ 3 cm の長方形の面積を求めてみよう！

33 比例・反比例の関係はどう見つける？

比例と反比例　▶▶ 本冊 103 ページ

解答

STEP 1　1 $y=\frac{5}{2}x$　2 $y=-\frac{6}{x}$

STEP 2　1 $y=-9$　2 $y=\frac{3}{4}$

解説

STEP 1

① $y=\frac{5}{2}x$

y は x に比例することから $y=ax$ とおける。ここで，$x=2$ のとき $y=5$ より $5=2a$ これを解いて $a=\frac{5}{2}$ となる。

② $y=-\frac{6}{x}$

y は x に反比例することから $y=\frac{a}{x}$ とおける。ここで，$x=-3$ のとき $y=2$ より $a=xy=-3\times2=-6$

STEP 2

① $y=-9$

$y=ax$ とおくと，$x=\frac{4}{3}$ のとき $y=8$ より $8=\frac{4}{3}a$ これを解いて $a=6$ ゆえに $y=6x$ である。これに $x=-\frac{3}{2}$ を代入する。

② $y=\frac{3}{4}$

$y=\frac{a}{x}$ とおくと，$x=-\frac{1}{2}$ のとき $y=-6$ より $a=xy=-\frac{1}{2}\times(-6)=3$ ゆえに $y=\frac{3}{x}$ である。これに $x=4$ を代入する。

STEP 1 の問題に関しては，計算して求めた「y を x で表した式」に x と y の値(あたい)をそれぞれ代入(だいにゅう)して，成り立つか確かめてみるといいよ！

34 比例(ひれい)のグラフってどうやってかくの？

比例とグラフ ▶▶本冊 107 ページ

解答

STEP 1 ① B ② D

STEP 2 ①

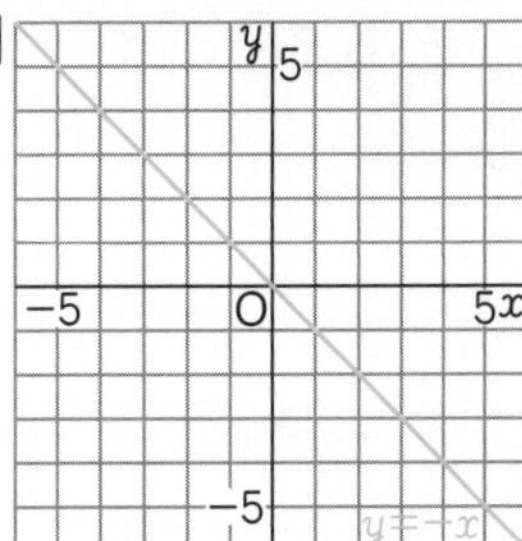

②

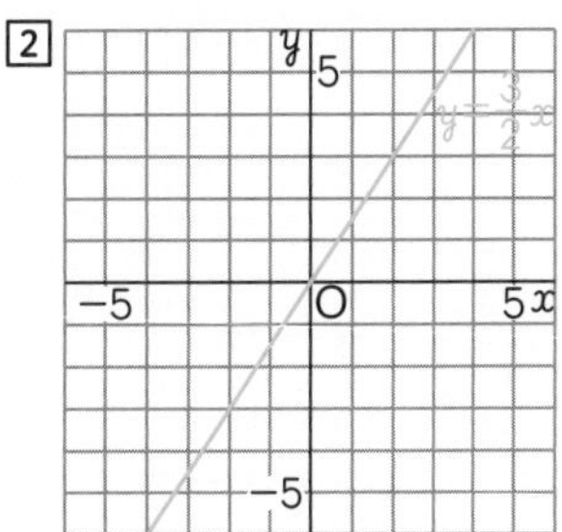

解説

STEP 1

① B ② D

A：$y=x$ B：$y=2x$
C：$y=3x$ D：$y=-3x$
E：$y=-2x$ F：$y=-x$

STEP 2

① $(x,\ y)=(-1,\ 1),\ (1,\ -1),\ (2,\ -2)$ などを通る。

② $(x,\ y)=(-2,\ -3),\ (2,\ 3),\ (4,\ 6)$ などを通る。

「$y=ax$」の係数(けいすう)「a」がプラスのときは「右上がりの直線」に，マイナスのときは「右下がりの直線」になるよ！

反比例のグラフってどうやってかくの？

反比例とグラフ　▸▸本冊 109 ページ

解答

STEP 1　1 A　2 D

STEP 2　1

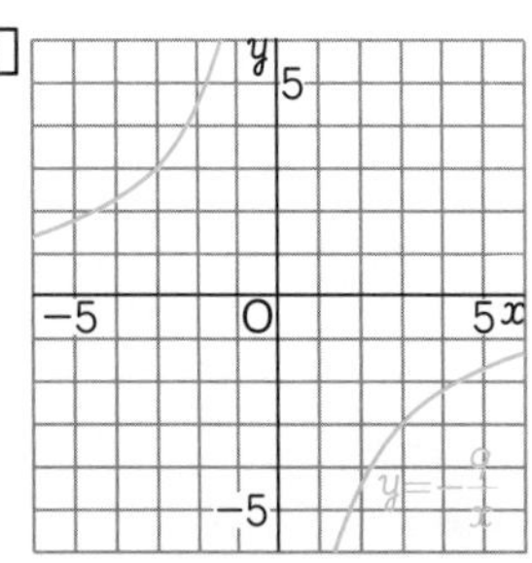

解説

STEP 1

$$\left[\begin{array}{ll} A: y=\frac{12}{x} & B: y=\frac{6}{x} \\ C: y=\frac{2}{x} & D: y=-\frac{2}{x} \\ E: y=-\frac{6}{x} & F: y=-\frac{12}{x} \end{array}\right]$$

STEP 2

1 $(x,\ y)=(-3,\ 3)$, $\left(2,\ -\frac{9}{2}\right)$, $(3,\ -3)$

などを通る。

「そんなことしないでしょ！」って思うかもしれないけど，反比例のグラフはマイナスのほうをかき忘れる人が多いから気をつけよう！

傾きと切片ってどういう意味？

1次関数とグラフ　▸▸本冊 111 ページ

解答

STEP 1

1 傾き…4，切片…−2

2 傾き…−2，切片…6

3 傾き…$\frac{1}{3}$，切片…$-\frac{8}{3}$

STEP 2　1

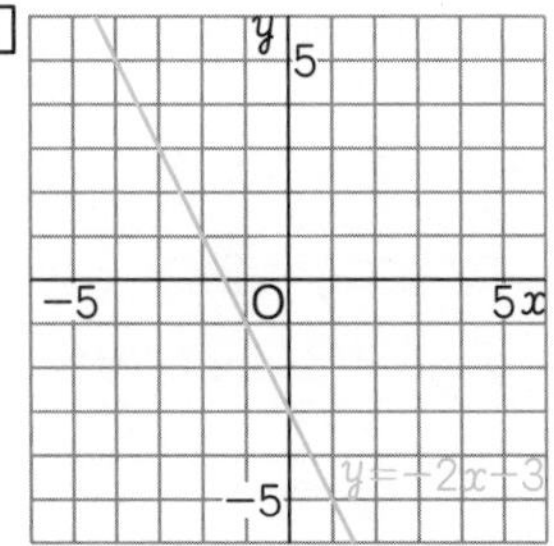

解説

STEP 1

1 傾き：4　切片：−2

2 傾き：−2　切片：6

$(y=-2x+6)$

3 傾き：$\frac{1}{3}$　切片：$-\frac{8}{3}$

$\left(y=\frac{1}{3}x-\frac{8}{3}\right)$

y の係数が 3 であることに注意しよう！式を変形して「y＝○○」の形にするときは，左辺も右辺も y の係数でわる必要があるよ！

STEP 2

1 $(x,\ y)=(-1,\ -1)$, $(0,\ -3)$, $(1,\ -5)$ などを通る。

37 グラフから式ってどうやって求めるの？

グラフの式の求め方　▶▶本冊 113 ページ

解答

STEP 1　1　$y=2x+4$

STEP 2　1　$y=-\frac{1}{3}x-\frac{4}{3}$

解説

STEP 1

1　この直線は 2 点 $(-2,\ 0)$，$(0,\ 4)$ を通るので，求める直線の式を

$y=ax+b$ とおくと，

$\begin{cases} 0=-2a+b \\ 4=b \end{cases}$　これを解いて　$\begin{cases} a=2 \\ b=4 \end{cases}$

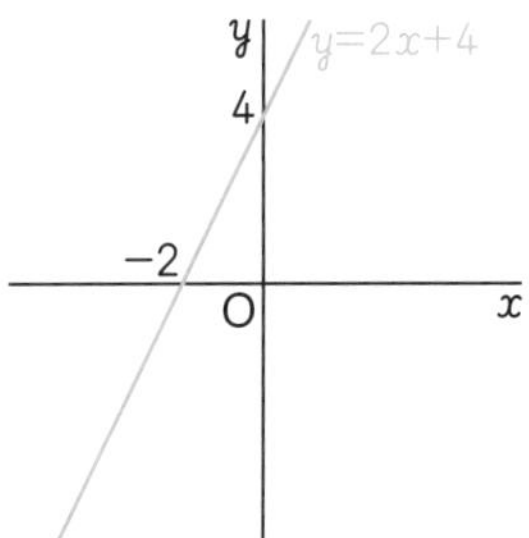

STEP 2

1　この直線は 2 点 $(-4,\ 0)$，$(5,\ -3)$ を通るので，求める直線の式を

$y=ax+b$ とおくと，

$\begin{cases} 0=-4a+b \\ -3=5a+b \end{cases}$

これを解いて　$\begin{cases} a=-\frac{1}{3} \\ b=-\frac{4}{3} \end{cases}$

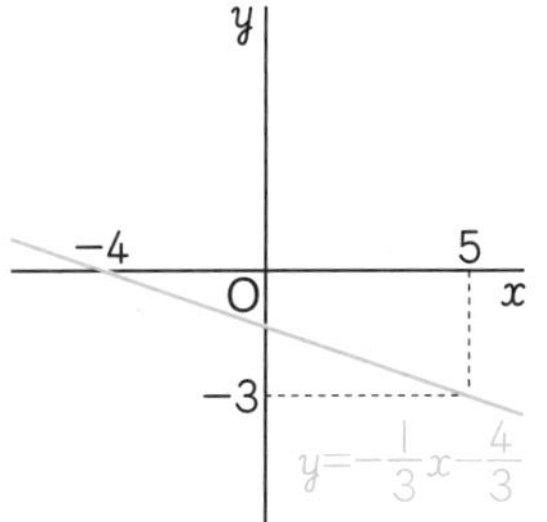

もし時間に余裕があれば，求めた直線の式を用いてもう1度自分でグラフをかいてみよう！ 問題と同じ図ができればOK，だね！

38 2 直線の交点の座標ってどう求めるの？

交点の座標の求め方　▶▶本冊 115 ページ

解答

STEP 1　1　①… $y=2x-6$

②… $y=-3x+3$

2　$\left(\frac{9}{5},\ -\frac{12}{5}\right)$

解説

STEP 1

1　直線①は 2 点 $(0,\ -6)$，$(3,\ 0)$ を通るので，式を $y=ax+b$ とおくと，

$\begin{cases} -6=b \\ 0=3a+b \end{cases}$　より　$\begin{cases} a=2 \\ b=-6 \end{cases}$

つまり①の式は $y=2x-6$ となる。

直線②は 2 点 $(0,\ 3)$，$(1,\ 0)$ を通るので，式を $y=cx+d$ とおくと，

$\begin{cases} 3=d \\ 0=c+d \end{cases}$　より　$\begin{cases} c=-3 \\ d=3 \end{cases}$

つまり②の式は $y=-3x+3$ となる。

2　求める交点の座標を (A，B) とおくと，

$\begin{cases} B=2A-6 \\ B=-3A+3 \end{cases}$ の連立方程式が成立する。

これより $2A-6=-3A+3$

これを解いて

$A=\frac{9}{5}$，$B=-\frac{12}{5}$ が求まる。

答えが合わなかった場合は，この答えと自分の解答を見比べて，どこでまちがえてしまったのかを確認すると復習に活かせるよ！

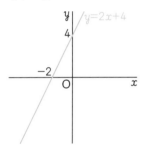

39 放物線ってどんなグラフのこと？

y が x の2乗に比例する関数 ▶▶本冊 117 ページ

解答

STEP 1 ①

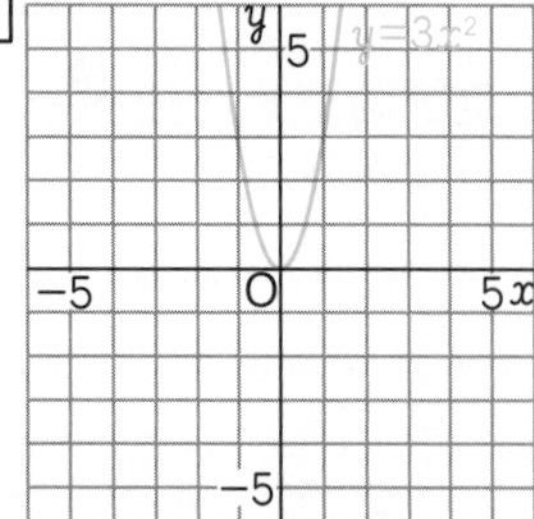

②

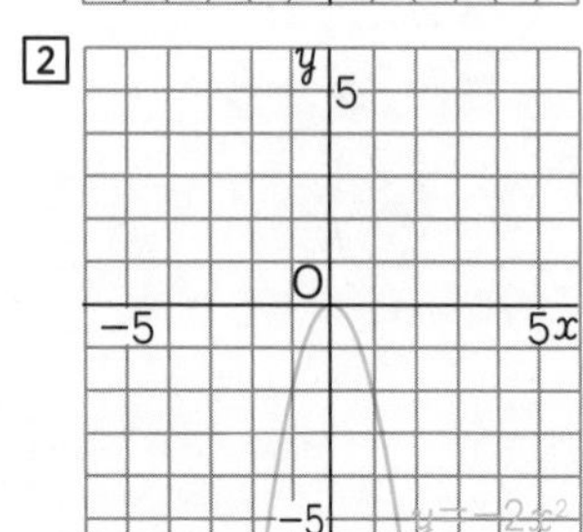

STEP 2 ①

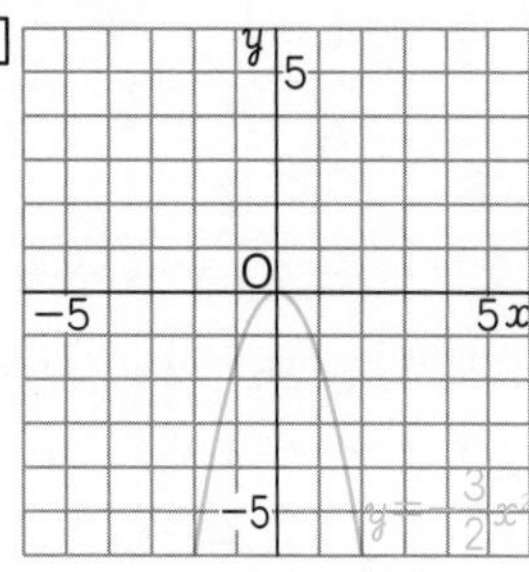

解説

STEP 1

① $(x,\ y)=(-1,\ 3)$, $(1,\ 3)$ などを通る。

② $(x,\ y)=(-1,\ -2)$, $(1,\ -2)$ などを通る。

STEP 2

① $(x,\ y)=(-2,\ -6)$, $\left(1,\ -\frac{3}{2}\right)$, $(2,\ -6)$ などを通る。

放物線を手書きで完璧にかくのは難しいよ。だからこそ，「原点」やいくつかの座標の位置だけは確実におさえよう！

40 放物線の式ってどう求めるの？

$y=ax^2$ とグラフ ▶▶本冊 121 ページ

解答

STEP 1 ① D　② I　③ G

STEP 2 ① $y=\frac{2}{9}x^2$

解説

STEP 1

① D　② I　③ G

A：$y=3x^2$	B：$y=2x^2$
C：$y=x^2$	D：$y=\frac{1}{2}x^2$
E：$y=\frac{1}{3}x^2$	F：$y=\frac{1}{4}x^2$
G：$y=-3x^2$	H：$y=-2x^2$
I：$y=-x^2$	J：$y=-\frac{1}{2}x^2$
K：$y=-\frac{1}{3}x^2$	L：$y=-\frac{1}{4}x^2$

STEP 2

① 放物線なので $y=ax^2$ とおける。

ここで，点 $(3,\ 2)$ を通るので

$2=a\times3^2$ これを解くと

$a=\frac{2}{9}$ と求められる。

このグラフの式である「$y=\frac{2}{9}x^2$」に $x=3$ を代入すると，「$y=\frac{2}{9}\times3^2=2$」となるね！このように通る点の座標を使って検算しよう〜。

41 放物線と直線の交点ってどう求めるの？

放物線と直線の交点 ▸▸本冊 123 ページ

解答

STEP 1

1 直線…$y=-x-\frac{10}{3}$

放物線…$y=-\frac{4}{3}x^2$

2 A$\left(-\frac{5}{4},\ -\frac{25}{12}\right)$

B$\left(2,\ -\frac{16}{3}\right)$

解説

STEP 1

1 直線の方程式を，$y=ax+b$ とおくと，

2 点$\left(-\frac{10}{3},\ 0\right)$，$\left(0,\ -\frac{10}{3}\right)$を通る

ことから

$$\begin{cases} -\frac{10}{3}a+b=0 \\ b=-\frac{10}{3} \end{cases}$$ これを解いて

$a=-1$，$b=-\frac{10}{3}$

より，直線の方程式は

$y=-x-\frac{10}{3}$ ―①

放物線の方程式を，$y=cx^2$ とおくと，

原点と$(-3,\ -12)$を通ることから

代入して $-12=c\times(-3)^2$

これを解いて $c=-\frac{4}{3}$ より，

放物線の方程式は $y=-\frac{4}{3}x^2$ ―②

2 求める交点の座標を$(a,\ b)$とおくと，

①②より

$$\begin{cases} b=-a-\frac{10}{3} & \text{―③} \\ b=-\frac{4}{3}a^2 & \text{―④} \end{cases}$$ となる。

これより $-a-\frac{10}{3}=-\frac{4}{3}a^2$

式を整理すると $4a^2-3a-10=0$

解の公式により

$$a=\frac{-(-3)\pm\sqrt{(-3)^2-4\times4\times(-10)}}{2\times4}$$

$$=\frac{3\pm\sqrt{9+160}}{8}$$

$$=\frac{3+13}{8},\ \frac{3-13}{8}$$

$$=2,\ -\frac{5}{4}$$

式③より $a=-\frac{5}{4}$ のとき $b=-\frac{25}{12}$

$a=2$ のとき $b=-\frac{16}{3}$

問題の図より，求める座標は

A$\left(-\frac{5}{4},\ -\frac{25}{12}\right)$，B$\left(2,\ -\frac{16}{3}\right)$

この問題は，まず式を求めて，その式どうしの交点を求めるという，とても計算することの多い問題だから，１つ１つ検算しながら進めよう〜。

42 πって何のこと？

円周率の定義 ▸▸本冊 127 ページ

解答

STEP 1

1 円周…4π cm

面積…4π cm^2

2 円周…8π cm

面積…16π cm^2

STEP 2

1 半径…5 cm，面積…25π cm^2

解説

STEP 1

1 円周は $2\pi\times2=4\pi$

面積は $\pi\times2^2=4\pi$ より

円周 4π cm　面積 4π cm^2

[2] 円周は $2\pi \times 4 = 8\pi$

面積は $\pi \times 4^2 = 16\pi$ より

円周 8π cm　面積 16π cm^2

STEP 2

[1] 円周が 10π cm であることより，

半径を r cm とおくと

$2\pi \times r = 10\pi$ から $r = 5$

また，これより面積を S cm^2 とおくと

$S = \pi \times 5^2 = 25\pi$

以上より

半径 5 cm，面積 25π cm^2

円周や面積は半径によって決まるから，STEP 2 の問題のように円周や面積から逆算して半径を求めることもできるよ！

43 おうぎ形の面積ってどう求める？

おうぎ形とは　▸▸本冊 131 ページ

解答

STEP 1 [1] 弧の長さ… $\frac{3}{2}\pi$ cm

面積… $\frac{3}{2}\pi$ cm^2

[2] 弧の長さ… 8π cm

面積… 24π cm^2

STEP 2 [1] 75°

解説

STEP 1

[1] 求める弧(こ)の長さを ℓ cm，

面積を S cm^2 とおくと，

$$\ell = 2\pi \times 2 \times \frac{135}{360} = \frac{3}{2}\pi$$

$$S = \pi \times 2^2 \times \frac{135}{360} = \frac{3}{2}\pi \text{ より}$$

弧の長さ $\frac{3}{2}\pi$ cm，面積 $\frac{3}{2}\pi$ cm^2

[2] 求める弧の長さを ℓ cm，

面積を S cm^2 とおくと，

$$\ell = 2\pi \times 6 \times \frac{240}{360} = 8\pi$$

$$S = \pi \times 6^2 \times \frac{240}{360} = 24\pi \text{ より}$$

弧の長さ 8π cm，面積 24π cm^2

STEP 2

[1] $5\pi = 2\pi \times 12 \times \frac{a}{360}$ より

$$a = \frac{360 \times 5}{2 \times 12}$$
$$= 75$$

ゆえに，中心角 $a° = 75°$

360° をもとにするとき，2 等分は 180°，4 等分は 90°，8 等分は 45° とか，よく出てくる角度は覚えておくと，この問題も「135° ＝ 45° を 3 つ分」のようにパッと解くことができるよ！

44 対頂角(たいちょうかく)ってどこの角のこと？

対頂角　▸▸本冊 133 ページ

解答

STEP 1 [1] 116°　[2] 29°

STEP 2 [1] ∠A…34°，∠B…78°

解説

STEP 1

[1] 対頂角は等しいので

∠A ＝ 116°

[2] 対頂角は等しいので

∠A ＝ 180° − (51° ＋ 100°)

＝ 29°

STEP 2

1 対頂角は等しいので,

$\angle B = 78^\circ$

また，直線の角度が 180° であることから

$78^\circ + \angle A + 47^\circ + 21^\circ = 180^\circ$

より　$\angle A = 34^\circ$

これより　$\angle A = 34^\circ$, $\angle B = 78^\circ$

対頂角の大きさが等しいことや，直線の角度が 180° であることを利用して，大きさがわかる角度を見つけていこう！

45 同位角(どういかく)・錯角(さっかく)ってどこの角のこと？

同位角と錯角　▸▸本冊 135 ページ

解答

STEP 1　1 56°　2 108°

STEP 2　1 $\angle A \cdots 60^\circ$, $\angle B \cdots 63^\circ$

解説

STEP 1

1 平行な直線の同位角は等しいから

$\angle A = 56^\circ$

2 平行な直線の錯角は等しいから

$\angle A = 108^\circ$

STEP 2

1 平行な直線(ℓ と n)の同位角は等しいことから　$\angle B = 63^\circ$

また，対頂角は等しいことと，三角形の内角の和は 180° であることから

$\angle A + 63^\circ + 57^\circ = 180^\circ$

より　　$\angle A = 60^\circ$

以上より　$\angle A = 60^\circ$, $\angle B = 63^\circ$

STEP 2 でもある通り，角度を求める問題において三角形の内角の和が 180° であることは非常によく使われるよ！常に頭の中に入れておこう～。

46 六角形の内角(ないかく)の和ってどう求めるの？

多角形の内角　▸▸本冊 137 ページ

解答

STEP 1　1 900°　2 1440°

STEP 2　1 1620°

解説

STEP 1

1 七角形は対角線(たいかくせん)によって五つの三角形に分けることができるので，求める内角の和は　$180^\circ \times 5 = 900^\circ$

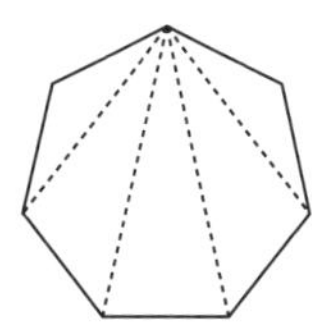

900°

2 十角形は対角線によって八つの三角形に分けることができるので，求める内角の和は　$180^\circ \times 8 = 1440^\circ$

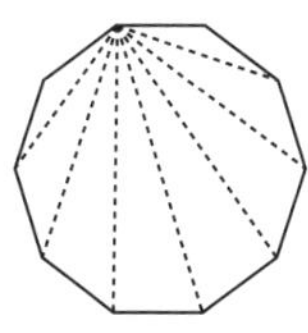

1440°

STEP 2

1 図よりこの図形は十一角形である。十一角形は対角線によって九つの三角形に分けることができるので，求める内角の和は

$180^\circ \times 9 = 1620^\circ$

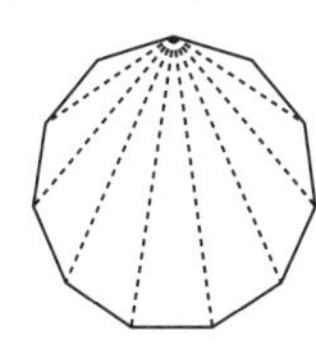

1620°

毎回図をかかなくても，「辺の数 − 2」を覚えておけば内角の和は求められるよ！ただ，公式を忘れたときのためにも求め方も合わせて理解しておこう～。

合同(ごうどう)な図形ってどういうこと？

合同とは ▸▸本冊 143 ページ

解答

STEP 1 ① 4 cm

STEP 2 ① 45°

解説

STEP 1

① △ABC ≡ △DEF より
BC＝EF であるため,
求める辺 EF の長さは　4 cm

STEP 2

① △ABC ≡ △DEF より
∠D＝∠A＝100° である。
三角形の内角(ないかく)の和は 180° であるから
∠F＝180°－(∠D＋∠E)
＝180°－(100°＋35°)
＝45°

角 F の大きさ　45°

実はこの STEP 1 の三角形 ABC, 三角形 DEF は二等辺三角形になっているよ！ つまり, ∠C, ∠F の大きさも 40° とわかるんだ。

三角形の合同(ごうどう)ってどうやって示す？

三角形の合同 3 条件 ▸▸本冊 145 ページ

解答

STEP 1 ① 3 組の辺がそれぞれ等しい。
2 組の辺とその間の角がそれぞれ等しい。
1 組の辺とその両端の角がそれぞれ等しい。

STEP 2 ① △ABC と △DEF で,
AB＝DE＝7 cm　―㋐
また,
∠A＋∠B＋∠C＝180° より
∠B＝80°
∠D＋∠E＋∠F＝180° より
∠D＝40° であるため,
∠A＝∠D＝40°　―㋑
∠B＝∠E＝80°　―㋒
㋐㋑㋒より,
1 組の辺とその両端の角がそれぞれ等しいため,
△ABC ≡ △DEF がいえる。

解説

STEP 1

① 三角形の合同条件 3 つ

1. 3 組の辺がそれぞれ等しい
2. 2 組の辺とその間の角がそれぞれ等しい
3. 1 組の辺とその両端(りょうたん)の角がそれぞれ等しい

まず合同を証明したい 2 組の三角形を見て, 合同の条件 3 つの中でどの条件があてはまるかを考えよう！ そこから, 記述を始めるようにしよう〜。

49 相似な図形ってどういうこと？

相似とは ▸▸本冊 147 ページ

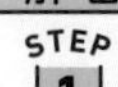

解答

STEP 1 ① 4 cm

STEP 2 ① 9 cm

解説

STEP 1

① AB：DE＝3：9

＝1：3 より

△ABC と △DEF の相似比は 1：3

よって，求める AC の長さは

AC：DF＝1：3 より

$AC=\frac{12}{3}$

＝4(cm)

次のように求めてもよい。

AC：DF＝AB：DE

AC：12＝3：9

9×AC＝36

AC＝4(cm)

STEP 2

① BC：EF＝2：3 より

△ABC と △DEF の相似比は 2：3

よって，求める DE の長さは

AB：DE＝2：3 より

$DE=\frac{3}{2}\times 6$

＝9(cm)

相似な図形の辺の長さを求めるときは，まず相似比を求めるのがおすすめ！
角度の大きさはどんな相似比であっても同じ大きさになるよ！

50 三平方の定理って何？

三平方の定理とは ▸▸本冊 149 ページ

解答

STEP 1 ① $3\sqrt{5}$ cm ② $2\sqrt{5}$ cm

STEP 2 ① $x=8$

解説

STEP 1

① 三平方の定理より

$AC^2=AB^2+BC^2$

$=3^2+6^2$

$=45$

AC＞0 より

$AC=\sqrt{45}=3\sqrt{5}$(cm)

② 三平方の定理より

$AB^2=BC^2-AC^2$

$=6^2-4^2$

$=36-16$

$=20$

AB＞0 より

$AB=\sqrt{20}=2\sqrt{5}$(cm)

STEP 2

① 三平方の定理より，$x>0$ であるから

$x=\sqrt{17^2-15^2}$

$=\sqrt{289-225}$

$=\sqrt{64}$

$=8$

STEP 2 のように，求める辺の長さの $\sqrt{\ }$ がとれて整数になる場合ももちろんあるよ！
機械的に $\sqrt{\ }$ をつけるだけで計算を終わらせないように気をつけよう〜。

51 三平方の定理ってどこで使うの？

三平方の定理を用いた計算 ▶▶本冊 151 ページ

解答

STEP 1 ① $5\sqrt{2}$ cm　② 4 cm

STEP 2 AB…$4\sqrt{3}$ cm，BC…$2\sqrt{3}$ cm，CD…$3\sqrt{2}$ cm，AD…$3\sqrt{2}$ cm

解説

STEP 1

① △ABC は AB＝BC の直角二等辺三角形であるため

$$AC : BC = \sqrt{2} : 1$$
$$AC : 5 = \sqrt{2} : 1$$
$$AC = 5\sqrt{2}\,(\text{cm})$$

② △ABC は $1 : \sqrt{3} : 2$ の辺の長さの比の三角形であるため

$AC : AB = 1 : 2$ より

$$AB = 2 \times 2 = 4\,(\text{cm})$$

STEP 2

① △ABC において

$BC : AC : AB = 1 : \sqrt{3} : 2$ より

$$BC = \frac{AC}{\sqrt{3}} = \frac{6}{\sqrt{3}} = 2\sqrt{3}$$

$$AB = \frac{2}{\sqrt{3}} \times AC = \frac{2}{\sqrt{3}} \times 6 = 4\sqrt{3}$$

また，△ADC において

$AD : CD : AC = 1 : 1 : \sqrt{2}$ より

$$AD = \frac{AC}{\sqrt{2}} = \frac{6}{\sqrt{2}} = 3\sqrt{2}$$

$$CD = \frac{AC}{\sqrt{2}} = \frac{6}{\sqrt{2}} = 3\sqrt{2}$$

以上より

$AB = 4\sqrt{3}\,(\text{cm})$，$BC = 2\sqrt{3}\,(\text{cm})$

$CD = 3\sqrt{2}\,(\text{cm})$，$AD = 3\sqrt{2}\,(\text{cm})$

みんなのおうちにある三角定規も，必ずこのように決まった角度になっているはずだよ！ ぜひ長さや角度を測って確かめてみよう～。

52 立体の体積ってどうやって求めるの？

柱体・錐体の体積 ▶▶本冊 155 ページ

解答

STEP 1 ① 128 cm^3　② 156 cm^3

STEP 2 ① 8π cm^3

解説

STEP 1

① 求める体積を V cm^3 とすると

$$V = 4 \times 4 \times 8 = 128\,(\text{cm}^3)$$

② 求める体積を V cm^3 とすると

$$V = \{(5+8) \times 4 \div 2\} \times 6 = 26 \times 6 = 156\,(\text{cm}^3)$$

STEP 2

① 求める体積を V cm^3 とすると

$$V = \frac{1}{3} \times \pi \times 2^2 \times 6 = 8\pi\,(\text{cm}^3)$$

STEP 2 のような円柱・円錐の体積の問題は，π を答えに書き忘れるミスがとてもよく起こるから，毎回答えを確認しよう！

53 立体の表面積ってどこの面積のこと？

柱体(ちゅうたい)・錐体(すいたい)の表面積

▶▶本冊 159 ページ

解答

STEP 1 ① $166\ \text{cm}^2$　② $80\pi\ \text{cm}^2$

STEP 2 ① $57\ \text{cm}^2$

解説

STEP 1

① 求める表面積を S cm² とおくと

$$S = \underbrace{4\times5\times2}_{\text{底面積}} + \underbrace{7\times4\times2+7\times5\times2}_{\text{側面積}}$$
$$= 40 + 126$$
$$= 166(\text{cm}^2)$$

② 求める表面積を S cm² とおくと

$$S = \underbrace{\pi\times4^2\times2}_{\text{底面積}} + \underbrace{2\pi\times4\times6}_{\text{側面積}}$$
$$= 80\pi(\text{cm}^2)$$

STEP 2

① 求める表面積を S cm² とおくと

$$S = \underbrace{3\times3}_{\text{底面積}} + \underbrace{3\times8\div2\times4}_{\text{側面積}}$$
$$= 9 + 48$$
$$= 57(\text{cm}^2)$$

表面積を求めるのに慣れない間は，底面積と側面積に分けて求めて，それをたし算するようにするとミスを減らせるよ！

54 地球の大きさって，どのくらい？

球の体積と表面積

▶▶本冊 161 ページ

解答

STEP 1 ① 体積…$288\pi\ \text{cm}^3$
表面積…$144\pi\ \text{cm}^2$

STEP 2 ① 体積…
$288000000000\pi\ \text{km}^3$
表面積…$144000000\pi\ \text{km}^2$

解説

STEP 1

① 求める体積を V cm³，表面積を S cm² とすると

$$V = \frac{4}{3}\times\pi\times6^3$$
$$= 288\pi(\text{cm}^3)$$
$$S = 4\pi\times6^2$$
$$= 144\pi(\text{cm}^2)$$

STEP 2

① 求める体積を V km³，表面積を S km² とすると

$$V = \frac{4}{3}\pi\times6000^3$$
$$= 288000000000\pi(\text{km}^3)$$
$$S = 4\pi\times6000^2$$
$$= 144000000\pi(\text{km}^2)$$

体積や面積を求める問題において，「6の3乗(じょう)」「4の3乗」などの数はとてもよく出てくるよ！ もう覚えちゃうと楽かも？

確率ってなんで０から１の値になるの？

確率とは　▸▸本冊 165 ページ

解答

STEP 1　1　$\frac{1}{6}$　　2　$\frac{5}{6}$

STEP 2　1　0

解説

STEP 1

1　サイコロの目の出方は6通りであるため，
求める確率は　$\frac{1}{6}$

2　5以下の目は「1，2，3，4，5」の5通りより，求める確率は　$\frac{5}{6}$

STEP 2

1　52枚のトランプの中にジョーカーは存在しないので，求める確率は　0

STEP 2 のこの問題，なかなか意地悪だよね～。常に問題文をよく読んで，何を求めればよいのかを明確にしよう！

樹形図ってどういうときに使うの？

樹形図と確率の計算　▸▸本冊 167 ページ

解答

STEP 1　1　$\frac{5}{36}$

STEP 2　1　$\frac{3}{8}$

解説

STEP 1

1

1回目＼2回目	1	2	3	4	5	6
1	2	3	4	5	6	7
2	3	4	5	6	7	8
3	4	5	6	7	8	9
4	5	6	7	8	9	10
5	6	7	8	9	10	11
6	7	8	9	10	11	12

上の表より，出た目のすべての組み合わせは36通り。
その中で，出た目の数の和が8になるのは
（1回目，2回目）
＝(2，6)，(3，5)，(4，4)，(5，3)，(6，2)
の5通りより，求める確率は　$\frac{5}{36}$

STEP 2

1　1回目　2回目　3回目

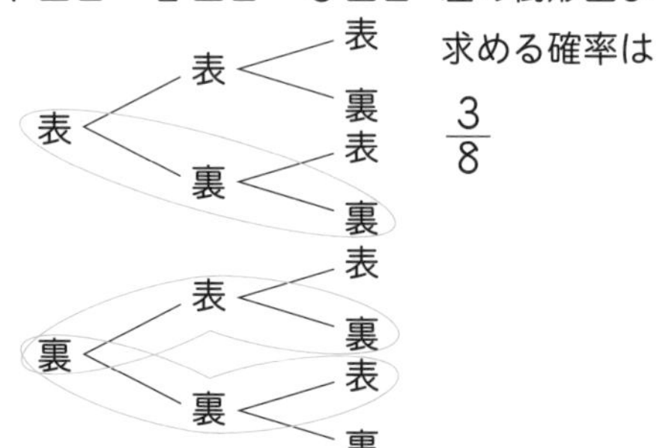

左の樹形図より，求める確率は
$\frac{3}{8}$

この STEP 2 と，「今日の一問」はちがう問題だけど，答えは同じになるね！どうしてか考えてみよう！

57 相対度数，累積度数ってどういう意味？

度数分布表とヒストグラム

▶▶本冊 173 ページ

解答

STEP 1 ①

記録(m)		度数(人)	相対度数	累積相対度数
以上	未満			
0	5	0	0.00	0.00
5	10	4	0.20	0.20
10	15	5	0.25	0.45
15	20	3	0.15	0.60
20	25	4	0.20	0.80
25	30	2	0.10	0.90
30	35	2	0.10	1.00
計		20	1.00	

STEP 2 ①

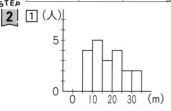

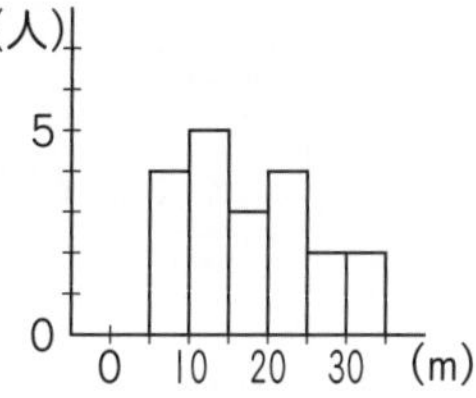

解説

STEP 1

① データを小さい順に並べると

6，7，9，9，10，11，11，12，13，16，17，18，21，23，24，24，27，29，30，33

この問題の「0 以上 5 未満」の階級のように，度数が 0 の階級ももちろん存在するよ！
その階級には，ヒストグラムをかかないようにしよう！

58 代表値ってどう使い分けるの？

3 つの代表値

▶▶本冊 175 ページ

解答

STEP 1 ① 平均値…4，中央値…5，最頻値…5

STEP 2 ① 平均値…11，中央値…11，最頻値…13

解説

STEP 1

① 平均値：$\frac{5+6+5+1+2+4+5}{7}$

$=\frac{28}{7}$

$=4$

中央値：小さい順に並べると 1，2，4，5，5，5，6 より　中央値は 5

最頻値：「5」が 3 回出てきているため
最頻値は 5

STEP 2

① 平均値：

$\frac{13+16+8+9+13+10+7+13+12+9}{10}$

$=\frac{110}{10}$

$=11$

より　平均値は 11

中央値：小さい順に並べると
7，8，9，9，10，12，13，13，13，16

より　中央値は $\frac{10+12}{2}=11$

最頻値：「13」が 3 回出てきているため
最頻値は 13

データの中に 1 つもない値が平均値になるパターンもあるから，よく確認しよう！

59 箱ひげ図って何？

四分位範囲と箱ひげ図　▸▸本冊 177 ページ

解答

STEP 1　1 最小値…10，最大値…55

STEP 2　1 中央値…6，四分位範囲…8

解説

STEP 1

1

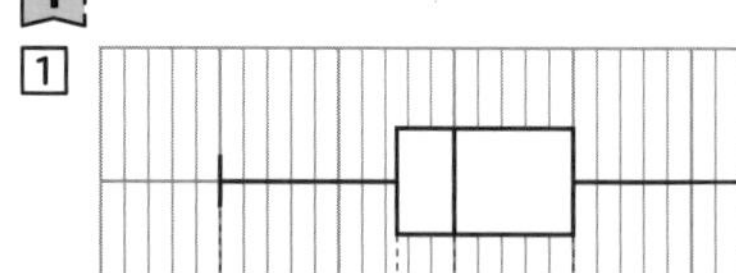

0　10　20　30　40　50

箱ひげ図の左端が最小値，右端が最大値であるため，

最小値：10
最大値：55

STEP 2

1

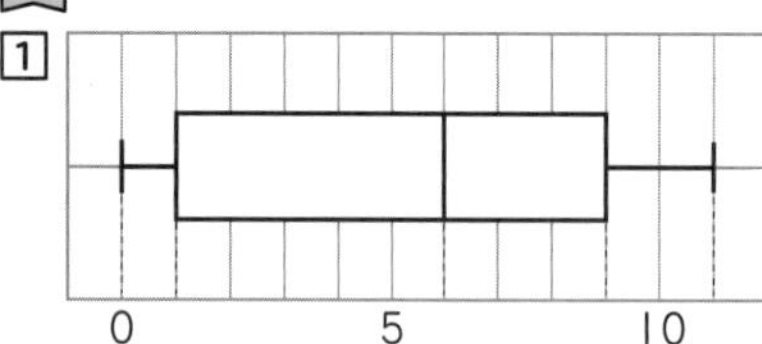

0　5　10

箱ひげ図の中央の縦線が中央値，第３四分位数と第１四分位数の差が四分位範囲であるため，中央値：6

四分位範囲　9－1＝8　より　8

「範囲」と「四分位範囲」のまちがいに注意！ 意味がわかっていれば難しいものではないので，問題文は毎回ていねいに読むようにしよう！

60 箱ひげ図ってどうやって読み取るの？

データの読み取り　▸▸本冊 179 ページ

解答

STEP 1　1 ㋑

STEP 2　1 ㋑

解説

STEP 1

1

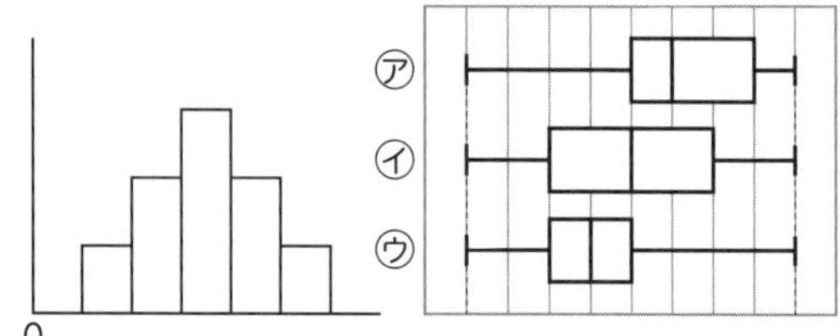

中央値は真ん中の階級に入っているから，㋑

STEP 2

1

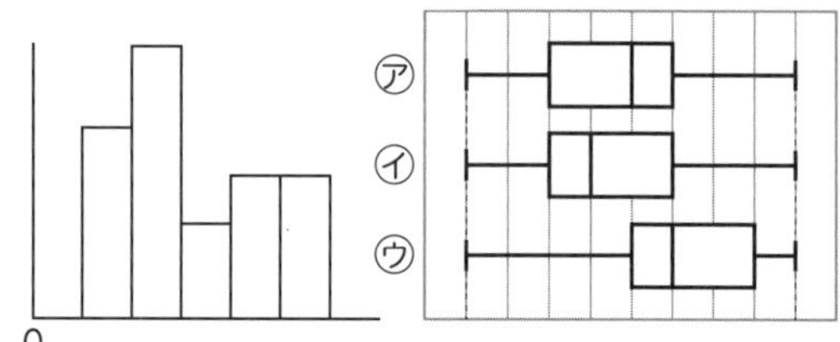

中央値は真ん中より小さい階級に入っているから，㋑

目盛りのない問題でも，自分である程度の数の見当をつけておくと，中央値や四分位数がわかりやすくなるよ！